日本の伝統的河川工法 [II]

富野 章 編著

信山社
サイテック

はじめに

「日本の伝統的河川工法－Ⅰ」に続き、そのⅡを上梓させていただく。

Ⅰでは、日本における伝統的河川工法の概要を述べた。この度の本書Ⅱでは、この伝統的河川工法の技を伝承し続けた建て方衆に大聖牛、木工沈床を実地に施工してもらい、その手法・手順を解説すると同時に記録にとどめ、実際に設置した状況を検証することとした。

なお、この伝統的河川工法について再確認してもらうために、平成6年1月に建通新聞に掲載された拙筆を以下紹介し、本書の「はじめに」に代えたい。

今、よみがえる伝統的河川工法

川に教わり、川をなだめる。これこそが伝統的河川工法の
真髄であり、極意である。
『川の匠』聖牛枠建て方衆　技の伝承と顕彰を試み続けたい。

静岡県島田土木事務所技監　富野　章

── はじめに ──

『日本は川の国である。

日本人は往古から川の氾濫原を生活の場とし、瑞穂の恵みにより糧を得、川を治め、水を慈しみ、川と水にかかわる文化を育ててきた。後に、黄金の20世紀と讃えられるであろう現在の私たちの繁栄は、決してひとりで出来上がったものではなく、治水の先人達の地と汗の結晶である。世界一過酷な自然条件の中、凄まじい破壊力を持つ洪水と命がけで闘い、知恵の限りを尽くして川を宥め、川とうまく付き合いながら川と共存する技術を身に付けてきたのである。

「水を治めるものは、国を治める」──。暴れ川を鎮めることは舟運を充実させ、新たな田畑を増やし、民心を安定させ、計り知れない恩恵をもたらした。とりわけ戦国時代、「良き治水者は、良き為政者」であり、優れた政治能力をもつものは悉く治水の天才であった。

《伝統的河川工法》

　これら治水の天才達の技術は、まず水を知り、川の教わり、なによりも川を怒らせないことだった。古老を集めて古今の水害を聞き糺し、河床の変動、洪水時の水流、水衡りなど、自ら飽きるほど検分して決して緩怠することなく、間違っても川に生身の刃をつきつけたり、ねじ伏せたりはしなかった。

　圧倒的な自然の脅威に逆らわず、自然とともに生きようとする姿勢。自然を畏敬し、自然を生かす治水。これこそが仏教国たる東洋の、また日本の治水の根幹であった。

　武田信玄は、洪水を跳ね返すだけでなく、万力林（水害防備林）、霞堤、菱牛、棚牛などの工法を駆使し、むしろ水勢を利用した不連続堤により水を治めた。加藤清正は乗越堤（溢流堤）、石刎（水制）、轡塘（遊水地）を案出し、調略により洪水を宥めた。さらに、熊澤蕃山、豊臣秀吉、平田靱負、野中兼山、伊奈忠治……。彼等すべて、施工と土木資材の未発達を超えて、弛まぬ努力と工夫により素晴らしい治水事業を成し遂げた。そして、この遺産のいくつかは400年後の今でもなおその役目を果たし、結果として自然に馴染み、生きものをやさしく育てる。

　河川事業に最大の目標は、単なる治水上の安全を確保するのみならず、河川の本来持っている潤い、安らぎ、詩情豊かな景観、親しみ、想い出、さらには生きとし生けるものの生命を育むことにある。

　私達が先人から受け継いだ、自然と共存する「伝統的河川工法」。これこそ、私達が次の世代に引き継いでゆくべき治水対策の一つの方向を指し示しているとはいえないだろうか。

　しかし、実は困ったことにこの工法の一部は現在、絶滅の危機に瀕している。原因は、肝心要の職人さんがいなくなってしまったのである。私たちが目を背けている間に。

　甲斐の武田信玄を嚆矢とし、大井川で隆盛を見た伝統的な治水工法。特に、大川倉、大聖牛といった巨大な水制。これはもはや研ぎ澄まされた芸術的な美しさをもつ。川に教わり水流の要所を知り尽くし、職人の弛まぬ努力とかけがえのない経験により、無駄なところを取り去った機能美にほかならない。培われた知恵が永続性を持てば、それは「文化」に昇華する。もし、この工法が私たちの代で途切れてしまうとしたら……。

　ところが、嬉しいことにその職人さんがまだおられたのである。小野磯平さん（79歳）、鈴木一郎さん（69歳）、曽根友冶さん（66歳）、曽根　一さん（60歳）。大井川の治水に半生を捧げ、今や「牛枠建て方衆」の最後の人となった4人である。

はじめに

　平成5年(1993)7月の夕、4人にお会いした。教えを請うためである。大聖牛などの工法図は、例えば「災害復旧工事の設計要領」等にも見取図や歩掛かりが掲載されており、実際に手元には昭和15年(1940)に静岡県発行の手引書もあり、如何にも解ったような気がする。ところが、図面が書けない。

　一番大事な前立木の勾配、尻押籠の下の桁木と棟木の合わせ方、桁木と梁木の結合順序、施工手順と結束鉄線の巻き回数と方法、悲しいくらい何も判らない。特に、洪水に真正面から対峙する前合掌木の勾配は、この「牛」の生死を決定する。勾配が適正でなければ、「牛」は洪水に立ち向かって前足が沈まず浮き上がり、流亡してしまう。つまり、「牛」が存置できるかどうかはその重量ではなく、水流を利用した前立木の角度と方向で決まる。

　これらはすべて川で異なり、その位置でも異なる。据えつける場所と入れる数。それらは、先輩と川から習った「カン」の世界であり言葉では説明できず、当然図面に示すことも難しく、その場その場で川に様子を聞きながら決めてゆくという。

　「牛」は、入れ具合を間違えれば対岸の堤防にも影響を及ぼし、かえって川を暴れさせる。川に教わり、川を宥める。それがこの工法の真髄であり、極意である。「聖」と呼ばれる由縁ではなかろうか。

　大井川の「大聖牛」は他の川と異なり、棟木への前立木(剣)の貫入、前合掌木補強木の増工、尻押籠梯子木の増工など、日本で唯一の特徴を持つ。しかも、建て方衆の棟梁によっても特徴があり、その形を見れば誰がつくったかがわかるほどだという。「川の匠」達は単に強い弱いだけでなく、見た目の美しさにもこだわった。驚くべきことに濁流渦巻く洪水の中、生命の危険を賭してまでその職人の誇りを持ち続け、世界にも類のない「芸術品」をつくり上げていったのである。

　身体中を感動が包み、建て方衆との話し合いはいつしか深更になっていた。最後に握手して別れる。ところが、建て方衆の方々の指は変形してうまく握れない。仕事の苛酷さか、掌そのものを道具に変えてしまったのだ。胸が熱くなった。

　多自然型川づくりのモデルのみならず、「川の匠」の伝承と顕彰のため、大井川で「大聖牛」を試みる。心ある人――、ご照覧あれ。』

2002年1月

編著者　富野　章

目　次

第1章　伝統的河川工法の施工

- 水制 ― 大聖牛の施工 …………………………………………… 1
  - 治水は川に習え ― 大井川最後の建て方衆 …… 8
- 大聖牛の建設 ……………………………………………………… 11
  - 建設過程 …… 14
  - 前合掌組み立 …… 18
  - 前合掌の立ち上げ …… 24
  - 桁木連結 …… 28
  - 中・後合掌木 …… 31
  - 梁木連結 …… 33
  - 力木・後押木 …… 35
  - 柵敷木 …… 38
  - 重　籠 …… 43
- 中聖牛の建設 ……………………………………………………… 46
  - 建設過程 …… 46
- 水防工法 ― 枠入れ工（川倉）の施工 ………………………… 62
  - 枠入れ工（川倉）の施工状況 …… 65
  - 枠入れ工（川倉）と中聖牛の施工状況 …… 68
  - 中聖牛の施工状況 …… 72
- 木工沈床の施工 …………………………………………………… 81
  - 木工沈床による災害復旧施工計画の概要 …… 81
  - 工事概要 …… 81
  - 施工方法 …… 84
  - 施工手順 …… 87
  - 考　察 …… 104
- 治山事業の新たな試み …………………………………………… 107
  - 伝統的治山工法を引き継ぐ丸太積谷止工 …… 107
  - 丸太積谷止工（木製治山ダム）施工事例－Ⅰ …… 107
  - 丸太積谷止工（木製治山ダム）施工事例－Ⅱ …… 112

第2章 伝統的河川工法の検証

大聖牛設置の追跡調査－I 127
  調査実施の趣旨 …… 127
  研究成果の概要 …… 129
  今後の課題 …… 160
大聖牛設置の追跡調査－II 165
  概　要 …… 165
  調査箇所 …… 165
  調査項目 …… 165
  調査結果 …… 166
大聖牛設置の追跡調査－III 185
  概　要 …… 185
  調査項目 …… 185
  田野口工区の追跡調査 …… 186
  平谷工区の追跡調査 …… 212
  検証のとりまとめ …… 232
伝統的河川工法の課題 234
  構造および施工方法 …… 234
  材料・材質 …… 234
  構造的な特性 …… 235
  河川工学的な検討 …… 235
  施工管理 …… 236
  自然再生手法としての検討 …… 236
  住民参加 …… 237

結びに 239

索　引 241
引用・参考図書 245

第1章　伝統的河川工法の施工

水制 ― 大聖牛の施工

　聖牛は、水制、根固、破堤箇所の締切りなどに使用して、その機能を最大限発揮する最も堅牢な構造物である。その構造は川倉を更に補強したもので、川倉の合掌木が二対なのに対し、前合掌木、中合掌木、後合掌木の三対を持っている。その大きさにより、中聖牛（棟木長さ7.3m、末口12cm）、大聖牛（棟木長さ9m、末口15〜18cm）、さらに四対の合掌木を備え、棟木の長さ12.7m、末口21cm、二段式の棚を設けて重籠を二重に載せる大々聖牛がある。

　また、三対の合掌木に前立木の他、中立木を用い、桁木三本を備えるものを鬼聖牛という。かつての部材結束に竹を使用した時は棟木と合掌本を棟挟竹で連結していたが、

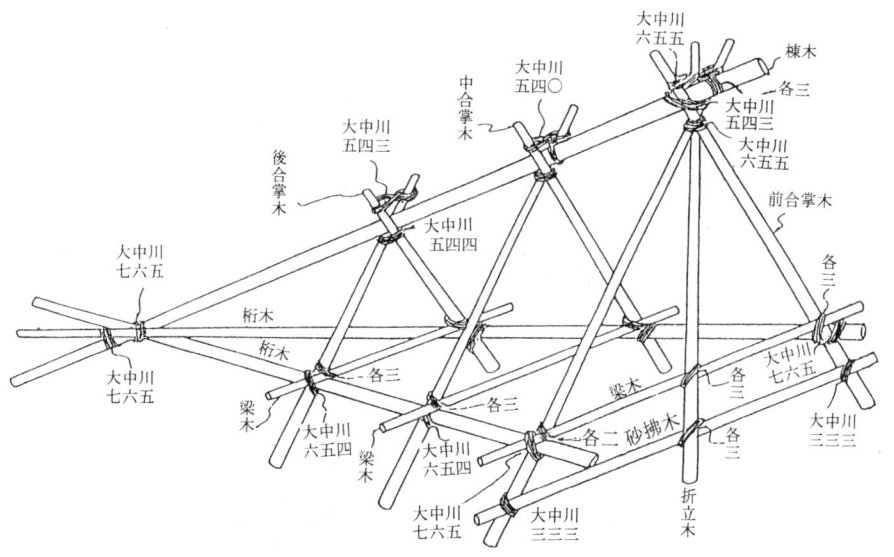

大聖牛骨材結束詳細

結束に鉄線を用いるようになってからは廃止された。

　小型の聖牛と大川倉はほぼ同じ構造となるが、大井川筋では従来より棟木にほぞ穴を掘り、前立木を通した構造のものを大聖牛と呼び、棟木と前立木を単に鉄線で結束したものを大川倉と呼んでいる。この棟木に前立木を貫き通す方法が大井川における大聖牛の特徴のひとつである。また、この他に前合掌木に二本の前合掌木カ木を加えること、尻籠の下の桁木と棟木の交差部分に置く尻籠(トンボ籠)の下にその姿を美しく見せ、蛇籠の落ちつきをよくするために梯子と称する支えを加えること、後合掌木に棟木の破壊

── 聖牛の名の由来 ──

　『地方凡例録』によれば、「今牛類の主なるものに就き其起源を略述すれば、笈牛とは其形状恰も山伏の負へる笈に似たるが故に名づけたりと稱し」とあり、また「川倉は恰も川中にありて馬背の状を呈するにより『川鞍』と呼び、轉じて川倉と稱したるが如し」とある。なお、聖牛の由来については、明治以前日本土木史(土木学会編)には「禮記の疏に『萬人に秀づるを傑と言い、傑に倍するを聖と言う』」とあり。又玄中記に『千年樹精化爲青牛、始皇伐大樹有青牛躍出入水』と記せり。想ふに聖牛は、諸種牛枠中の優秀なるものなるが故に其名を與へたるか。或は青牛は語音聖牛に相通ず、即ち水中に入るものなるが故、聖牛と稱するの謂なるべきか、姑く疑を存す。而して聖牛案出の動機については、地方凡例録によれば、武田信玄が案出せるが如くなれども、堤防溝洫志には『八頭牛は元淨法師の案出に係り、佐藤元庵が出羽國仙北河(雄物川)の出水時之を施工し、一夜にして川成を變化せしめたる、極めて優秀のものなり』といひ、『聖牛は結局之を省略したる構造のものなり』と記述せり。故に元淨法師は八頭牛を案出し、信玄は之を小規模とせる聖牛を考案せるものとも考へ得られざるにあらざれども、凡そ事物發達の道程を考ふるに、粗よりも細に入り小よりも大に進むべきものなるが故に、先づ牛枠を改良して聖牛を案出し、更に其大規模なる『八頭牛』に進化したるものと考察するを至當とすべしと雖も、暫く茲には武田信玄或は其家臣が、元淨法師の八頭牛に創意を採りて聖牛を案出せるものと考察し置く事とすべし。」とある。(明治以前　日本土木史)

を防止するための牛押木を補強することなど、この大井川筋だけの他に見られない特徴がある。

　聖牛や川倉は、主に大河川中流部の水制に広く採用されるが、合掌枠などのような連続体に比べ、激流時の衝撃によっては転倒しやすい欠点も持っている。このため、通例は単独で用いず、二組以上を併列協力して水勢にあたらせる。水制先端を一定の法線に揃えて一列とし、効果の少ない時はさらに二列、三列として水勢を分割する。この場合、最前線のものは最も水当りが強いので、わずかに上流側に向かってその高さを下げ、水勢を均分するのが一般的である。例えば、釜無川では最上流列は50cm低くなっている。

　大井川の聖牛、川倉の配置はこれと少し異なる。「敵」の勢いが強すぎて、列ごと各個撃破されてしまうのである。このため、例えば前面二組その尻に一組、または前面三組の後付けに二組などと、まず各々の水制自体を強化し、それを「列」もしくは「群」で設置する。ここに大井川の洪水に教わった治水戦略があり、今回の計画も当然この思想を継承する。

　聖牛、川倉は、古来より合掌木の面を上流に向けるのか常識だが、最上流列に対する水当りの緩和だけを目的として聖牛の向きを逆向きにしたり、合掌木の面を下流に向かって傾斜させたりする方法もとられた。あるいは、堤防の崩落部を直接保護するために頭部を堤防側に向け、棟木を水流と直角方向より少し上向きに水中に入れ、蛇籠や石

大井川でつくった川倉 (建設省：1985)

俵を捨て込む方法もとられた。これを通例の「本出し」に対し、「逆出し」という。

また、越中三叉などの牛類の簡易な水制の場合は、その前面に砂払籠を伏せ、数組並列の場合はその間に築籠を棚掛けに用いるが、この場合も蛇籠を上下流に伏設し、三叉を水流に向けずに堤脚に向けて据付け、流水を堤脚から反発させる方法もあり、これらも「本出し」または「逆出し」と呼び方をする。

いずれにしても、これらの聖牛、川倉の施工計画は、ただ丈夫であればよいという訳ではなく、合掌木、立成木などの障害は最小必要限度のものとし、詰石や重籠の高さもなるべく低くして、その特性たる透過性を失なわせることなく、水制の効果とのバランスをとるのだから難しい。「川と相談しながらやるしかない。」

ところで、ここで決断すべき大事な問題がある。材質を何にすべきかである。勿論、かつての「伝統的河川工法」の素材は、当時は材料の得やすかった木と石、それに竹であった。聖牛にのせる重籠もかつては竹籠であり、大井川でも長い間、竹籠が使われ、蛇籠との併用時代を経て竹籠が廃れるのはたかだか10年ほど前にすぎない。特に戦時中は、鉄不足により聖牛や川倉の結束さえも竹で行なっていた。驚くべきことに、400年間、さして丈夫でもないこの材質で洪水を宥めてきたのである。

「伝統的河川工法」の再構築は、単なる工法の復元やセンチメンタルな思い出の再現ではない。これに現代技術の知恵を加え、その機能と長所を失うことなく創意と工夫を加え、近代的でより質の高い材質で耐久力を高めなければならない。竹籠は鉄線蛇籠に、結束線は鉄線で行うのは勿論、腐食など欠点を解消させる更なる改良が望まれる。

しかし、これらが強度と施工性を重視するあまり、結束鉄線がボルト締め、重籠が異型コンクリートブロック、木材が鉄筋コンクリート柱となると、少し事情が変わってくる。これらは一時、その工種を問わず広く行なわれたものであった。

近年、大聖牛タイプでも鉄聖牛と称し、15～30kgの古レールをワイヤーロープで結束した大聖牛や中聖牛が各地で行なわれ、鉄筋コンクリート聖牛も利根川や富士川、安倍川などで行なわれ、治水的にはいずれも優秀な成績を収めたとされる。

例えば、富士川の鉄筋コンクリート大聖牛水制は、最上流列の水当りの軽減と水制自体を保護するために、そのさらに前面にあえて逆向きの聖牛をつけた。水制の効果と損傷を防ぐものとしては完璧に近く、事実、よくその目的を達した。

ただ、ここで一つ疑問が残る。これらの工法は、「伝統的河川工法」の特徴である、柔軟性がなくなってしまうのである。過去、これらの水制は不断の修繕を前提としていた。短時間、大きな破壊を免れて河岸を洪水から守ることができれば、破損や流亡は致

し方ないことであり、補修が容易であることにより使用されてきた。そして、木材自体がしなやかな材料であり、例えば、ボルト固定などと違って結束した鉄線は多少の変形にも追随でき、かなりの洪水に揉まれてダメージを受けても聖牛自体が完全に崩壊してしまうことはなく、棟木や合掌木がポッキリ折れたり、蛇籠がゴッソリ無くなってしまうことも少なかったという。

　この点、コンクリート構造物は部材を大きくできない透過性水制の制約上、剪断などの損傷を受けやすかったり、丈夫すぎてうまく沈下できなかったり、あるいは損傷を受けた場合の補修が困難で、撤去が難しいなどの欠点もあった。それに、力ずくの剛構造では、「伝統的河川工法」本来の長所と特徴が失なわれてしまうような気がしないでもない。単に治水上、あるいは行政上の安全だけを考えてコンクリート水制にすれば、話はそこで終わる。しかし、それでは、景観も生態系も、技術の伝承も不満足なものになってしまわないだろうか。

　悩んだ結果、まず、途切れていた従来のままの木と蛇籠の「伝統的河川工法」に挑戦することにした。歴史的遺産である「大聖牛」の復活である。幸い、大井川はいまだに玉石が採取できる河川であり、それが地域の経済を支え、蛇籠もまだ多用されている。しかも、その技術力は優秀な水準にある。

　また、大井川流域は日本有数の良質木材地帯で、紀伊国屋文左衛門らは江戸時代より盛んに江戸へ運んだ。浅草寺造営、江戸城天守閣、あるいは駿府城本丸にも大井川材が用いられた。このため、その木材流送には富山などから伝えられた「川狩り」、「鉄砲流し」等という独特の川の文化を生んだ。大井川は、はかり知れない脅威と偉大な恵みを与えてくれた。この二面性の間にあるのが、木材と蛇籠による「大聖牛」なのである。

　この巨大な水制は、その大井川に教わり、水流の要所を知り、職人の弛まぬ努力と生命を賭けたかけがえのない経験により、研ぎ澄まされた芸術品の美しさを持つ。ところが、ここでまた蹉跌を生じた。肝心要の職人さんがいなくなってしまったのである。私達が、目を背けている間に……。

　「大聖牛」等の著名な工法については、「災害復旧工事の設計要領」などにも見取り図や歩掛りが掲載され、昭和15年の静岡県三島公営所（すでに亡くなられたが、工藤さんという方が作成したという）発行の手引書もある。しかし、不思議なことに、いくら探しまわってもこの姿図と工法の概要を記した資料だけしかない。姿図を見れば、何となくイメージは湧くのだが、これだけでは図面が書けない。一番大事な前合掌木の勾配が判らないのである。この勾配が「聖牛」の生命である。もし、この方向と角度が適正で

なければ、「聖牛」は洪水に立ち向かって前足を踏んばることができず、浮き上がって流亡してしまうのである。

　据えつける場所と入れる数。それらはすべて川で異なり、その位置によっても異なる。それらもすべて、いわば職人さんの先輩と川から習った「カン」が頼りである。

　是非とも、その職人さんにお会いしたい、そして、その「極意」を得たい。まずはう

── 鉄砲流しと川狩り ──

　徳川家康氏によって築かれた江戸城や駿府城の本丸の材料には、大井川の木材が使われた。この大井川材に目をつけたのは、ミカン船で知られる紀州の紀伊国屋文左衛門である。紀文は1692(元禄5)年、椹島をはじめ赤石沢などから切り出して江戸へ運んだ。

　明治時代に入ってからは、大倉喜八郎によって奥地の木材が切り出され、島田に運ばれた。大倉は木曽地方で行われていた木材流送の方法を大井川に採用して、奥地林の開発を可能にした。これが有名な「鉄砲流し」と「川狩り」である。

　大井川は有名な急流で、特に夏場の水が多いときはしばしば氾濫を起こすほど危険である。従って、流れの安定する冬場に木材の流送を行う。しかし、冬場の難点は水の量が少ないことである。そこで発明されたのが「鉄砲流し」という方法である。この方法は、沢の両岸に木材でダムを造る。このダムを「鉄砲」というのであるが、水を貯めておいて一度に流す。このときの音が鉄砲を撃ったときのように大きいことから「鉄砲」というようになった。鉄砲によって押し出された木材は、もんどうりうって川を下り両岸の岩を砕きながら流れる。この木材を一本一本流していく仕事が「川狩り」だ。それはおよそ3ヶ月を要した。最上流部の鉄砲流しからはじまって島田の向谷までは、図のように最も長期のものは、165日を要した。通常は10月から流しはじめて島田で正月を迎えたと伝えられている。

　この勇敢な「川狩り」は、水力発電の開発とともに姿を消し、鉄道による輸送からトラック輸送へと変わった。時の流れとともに川狩り人夫は陸へ上がり、1968年を最後にまったく姿を消した。

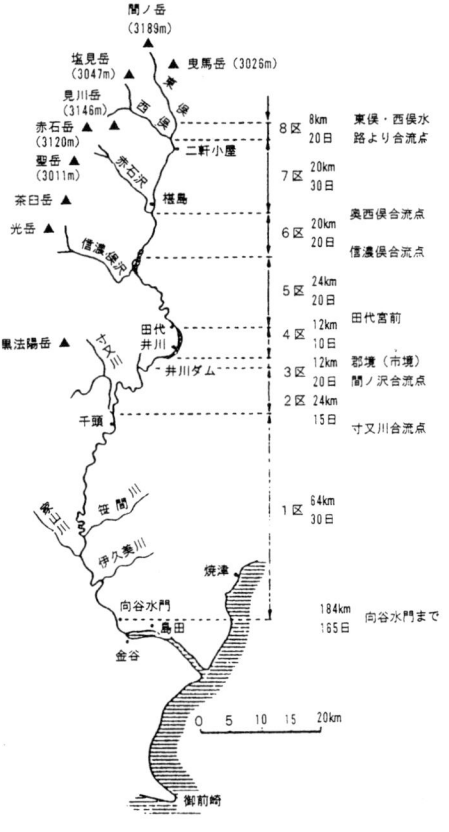

大井川の川狩り区間と日数

つぼつたる思いで、その人探しからはじめなければならなくなった。

ところが嬉しいことに、その職人さんに出会うことができたのである。今や大井川の水制伝統工法「牛枠」の最後の建て方衆となった4人である。

七月の夕、4人にお会いした。水制工法の選択配置には、「河相」に対する深い観察と工法に対する豊富な経験が必要であり、その教えを請うためである。

【川狩り】
　大井川東海パルプの山林へ4月に入山し、約300名で9月まで山林を伐採して、島田町まで木材搬送の手段として川狩りをした。先頭は「木初」、最後を「木尻」と言い、2kmにわたって木材を流した。
　私の父・太郎は明治4年から川狩りの頭として約30年間従事した。（町　正男）

昭和初期の川狩りの風景・接阻地区川狩り（井川～関の沢間）
〔出典〕㈱町組所蔵：奥泉発電所記念アルバム

■治水は川に習え ── 大井川最後の建て方衆■

　かつて、大井川の洪水を治めた大聖牛などの建て方衆は大勢いたが、存命していたのは、小野磯平さん（79歳）・鈴木一郎さん（69歳）・曽根友治さん（66歳）・曽根一さん（60歳）── 共に平成5年（1993）当時 ── の4人だけであった。その後、最長老の小野さんが亡くなられてご子息の勝弘さんが技を継ぎ、鈴木さんも高齢のため、今では牛枠の建て方衆は3人だけとなった。

　以前は災害時に増水した中で大聖牛を組んだことも多いというが、そもそも最低8人の熟練者と舟を操る人がいなければ組み立てることは無理である。しかも近年では大聖牛の発注は全くなく、建て方衆もここ十数年は水防訓練時に簡易な牛枠以外全く組み立てたことがないという。最後の大聖牛は昭和44年（1969）であった。

　曽根一さんによると、大雨で堤防決壊の危機の際、濁流に舟を浮かべてその上で聖牛を組んでいて舟から落ち、濁流に飲み込まれて九死に一生を得たこともあったようだ。まさに、命懸の工事であった。

故　小野幾平さん

鈴木一郎さん

曽根友治さん

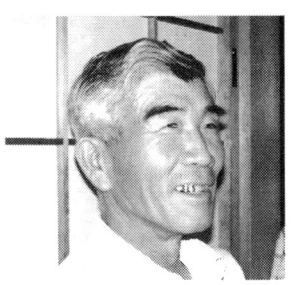

曽根　一さん

小野　勝弘さん

大井川：最後の建て方衆

彼等は当時、これら組み立てを専門とした職人ではなく、子供の頃から農業の傍ら親方（棟梁）から様々な水制工法を学んでいた。ただ親方は「こうしろ」とも「これは駄目だ」ともいわず、見て覚えるしかなく、皆必死に見よう見まねで覚えていった。だから「体で覚えた技能を書面や図面に残すこともなく、しかも言葉で説明して技術を引き継げるものでもない」という。

　確かに、素材である材木の選び方からはじまり、設置場所、組み合わせ数、施工手順、合掌木の角度、細部の出、結束場所に至るまでことごとく図面はなく、全てはカンと経験が頼りである。たとえ同じような太さの丸太を集めてみても、天然木であるので千差万別で、それを彼等は反り具合のわずかな変化を見極め、「これは右、これは左」と鮮やかに決めてしまう。さらに、洪水時の川底の状況や据え付け後の大聖牛の沈下の状況も予測がつくらしい。

　また、彼等は「大きい水や小さい水は抜けるが、中位の水は抜けない。聖牛（彼等はうしという）が頑張りすぎると水が怒ってしまう。自ら（聖牛）が助かっても対岸をいじめてしまう。水制は水をはねつけるのではなく、水を逃がしてやるのだ。だから私らは、川を暴れさせないで静める方法を川に教わってきたのだ」という。コンクリートやボルトを使うと、この辺りがうまくいかない。正しく入れれば、木製でも水中では半永久的に残り、彼等のつくったもので、沈下して堆積土に潜ってしまったものは沢山あるが、流れたり破壊されたものは憶えがないという。

　さらに、彼等の聖牛は現在の河川構造物のように基礎を平らにして据えつけるのではなく、洪水時の河床変動を勘案し、あえて複雑な河床の所に水平に据えつけ、しかもその形の美しさにもこだわった。決まった形ではあるが、木材の性格を吟味して前立木や前合掌の形状に少しずつ変化をつけ、一目見ればどの棟梁がつくったか判るほどの美意識と職人としての意地と誇りをもっていた。

　激流渦巻く洪水の中、命の危険をも顧みず水防の仕事を全うし、ペンチ一つで世界にも例を見ない芸術品をつくりあげていたのである。

　曽根さんは「川のたもとで生まれた人は、死ぬまで川と暮らしていくのさ」という。

　話は夜更けまで及び、大変感銘を受けた。この出会いが後に大きな成果として結実するキッカケとなったことを思うと、伝統的河川工法が蘇ると確信できた貴重な出会いであった。

流木で頭を跳ばされた大聖牛を点検・補修中の建て方衆。
「かわいそうに」とわが子を見る眼である。
大聖牛に使う道具は、このペンチと手だけである。
写真右上のペンチ差し(ケース)は、聖牛を連結する鉄線でつくる。川の中での作業でも容易に抜けないように、しかも使うときはスムースに抜けるようにつくってある。それぞれが自分の好みの形につくってあり、頼めばアッという間につくってしまう。何十年も使っていたペンチをもらったが、アステカ文明の趣を感じさせる紋様が施されていた。生涯の宝物である。

洪水に真正面から立ち向かう大聖牛。既に前立木は破損している。聖牛には様々な呼び方があり、建て方衆は単に「うし」という。激流の中、思わず「がんばれ」と声を掛けたくなり、手を合わせたくなるような感動。まさに「聖なる牛」と呼ぶにふさわしい。(大井川・川根町家山)

大聖牛の建設

　大聖牛の各部の名称、施工順序は図面のとおりである。大聖牛の棟木および桁木の長さは9mにも及ぶ。これらを機械を一切使わずに組み立て、しかも洪水時には、激流に揺れる不安定な中で船を操りながらの施工となり、まず濁流の中に支点となる杭を打ち込む。人力だけで12mを越す杭を打つのである。「船から落ち、忽ち百数十メートルも流され、やっとのことで岸にたどりついた」などということもまれではないという。しかし、命綱を付けては仕事にはならないともいう。実は、ヘルメットもあまりかぶりたくはないらしいが、「役所の立場もあるからね」と、建て方衆はかぶった。

　まず下準備に入る。「では、お願いします」というと建て方衆は、「一応、しきたりだから」と棟木の上に牛乳ビンにさした野花を献げ、御神酒をあげて頭を垂れた。

　恥入る気持ちであった。私は、この偉大な大自然に手を付けさせて貰っているのに、畏敬、祈り、感謝を忘れていた。大井川もまた、名うての暴れ川である。この川の水霊を祀る大井神社は、実に75社もある。特定の川の名を冠す神社としては驚くべき数であり、恐らく日本一であろう。大井川はかくも畏敬された川なのである。

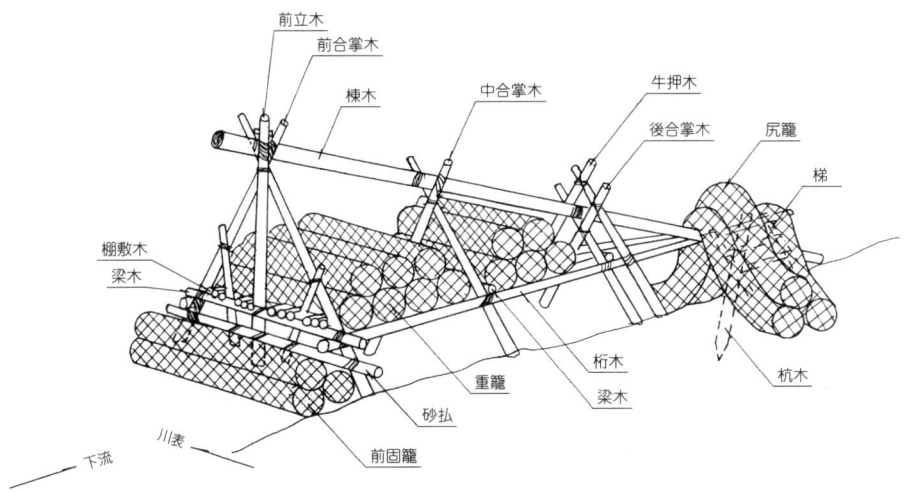

姿　図

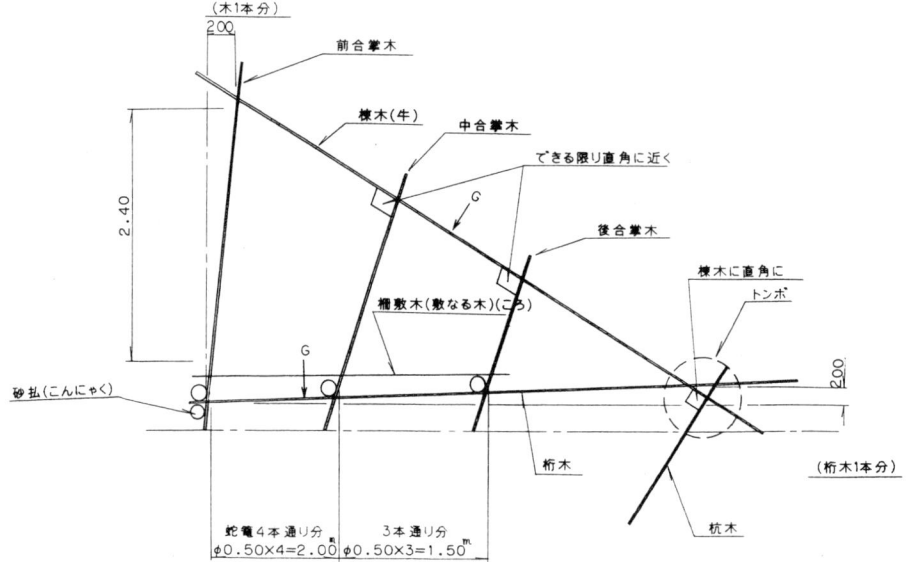

構造図

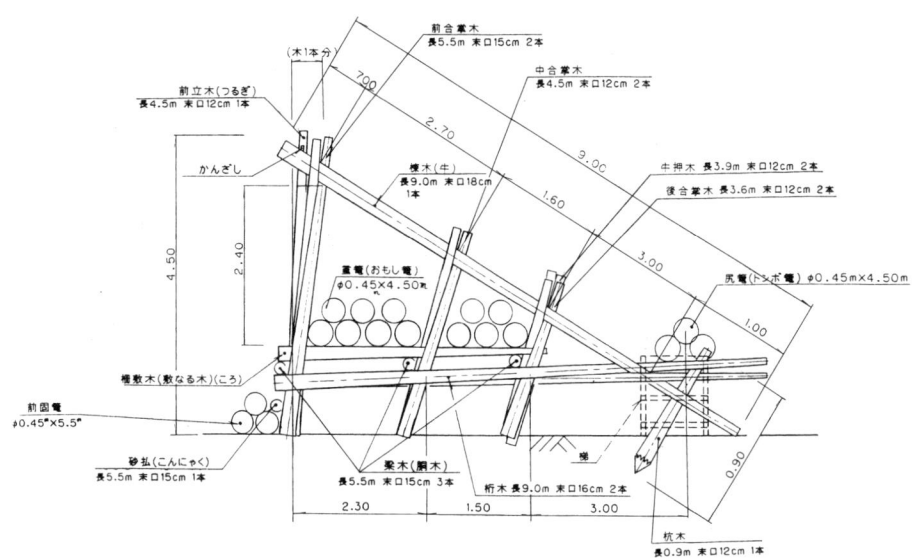

側面図

大聖牛の建設　13

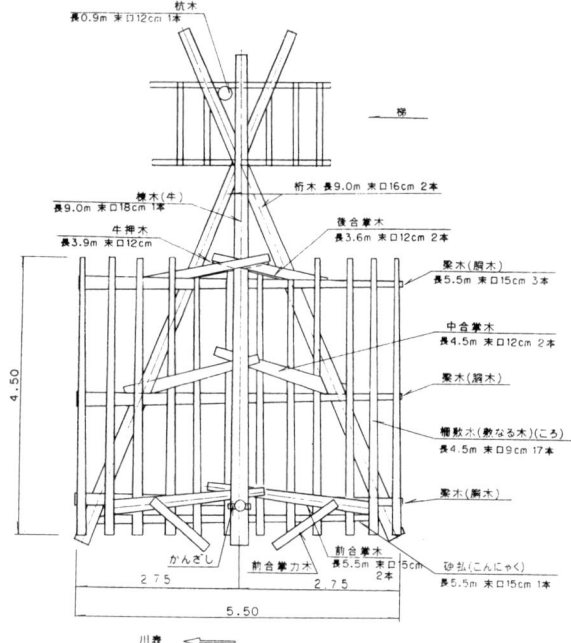

平　面　図

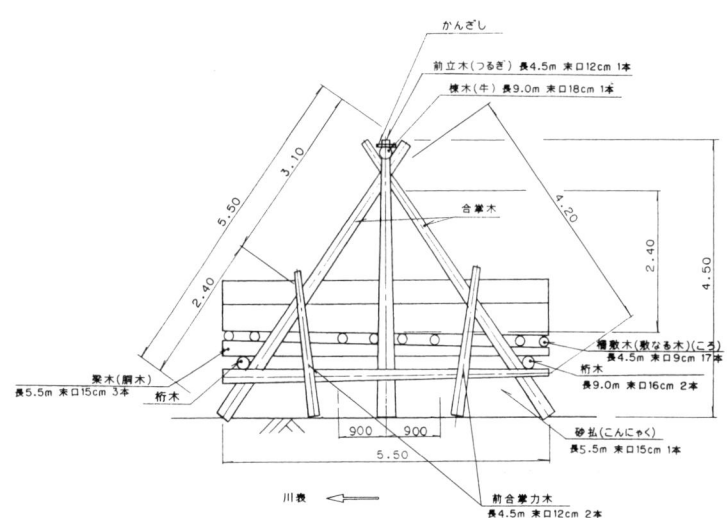

正　面　図

建設概要フロー

	建　設　工　程	備　　考
1	下準備	
2	砂払い・前合掌木の運搬・配置	
3	砂払いと前合掌の連結	
4	仮設材を用いた前合掌木の立ち上げ	
5	前合掌木へ棟木の立て掛け	
6	棟木への前立木の挿入	
7	棟木・前合掌木・前立木の立ち上げ	
8	砂払い・前合掌木への桁木の連結	
9	棟木への桁木の連結	基本三角錘の完成
10	中・後合掌木の連結	
11	梁木の連結	
12	前立木・前合掌木の連結	
13	牛押木の連結	
14	棚敷木の連結	
15	杭木の打ち込み	
16	梯子の組み立て	木枠の完成
17	蛇籠の設置	大聖牛の完成

　建て方衆の準備だが、特別な道具や機械は何も使わない。丸太を削る手斧（棟木に穴をあけるためだけを目的とするもので「つぼよき」という）と、ペンチを腰にぶら下げているだけ。あとは、ポケットから忍者の使う、撒きビシのような小さな止め鋲（りん鋲）を二つ出して丸太の固定に使う。その他の道具は、全部自前で作ってしまう。例えば、合掌木や棟木を運ぶ「もっこ」に似たもの（「たまご」という）や、前合掌木を立ち上げる時の引っ掛用の金具を付けた力棒（メモー1・道具B）および、仮固定に使う支保工（メモー1・道具A）など、極めて簡にして合理的である。

■建設過程■
◆下準備
① 御神酒をあげる。
　使用する丸太と河川に御神酒をあげ、川に対する畏敬の念を込め、二礼二拍手一礼。
② 棟木の根元（上流側）に前立木を通す穴をあけておく。
③ 前立木の前端部を棟木にあけた穴（5寸×4寸）に通せる太さにまで削っておく。
④ 前立木にかんざし木（込み栓）を挿入するための穴をあける。また、かんざし木は、前立木に挿入した時、前立木から左右それぞれ1尺5寸程出るように製作する。

大聖牛の建設　15

二礼二拍手一礼

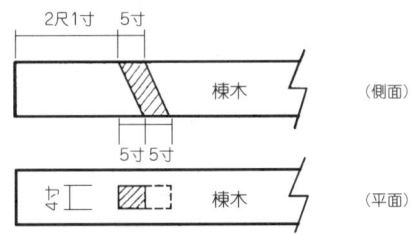

前立木を通す穴

メモー1

組み立てるときの道具あれこれ

道具A：前合掌木を立ち上げるとき、つっぱり棒として利用

道具B：前合掌木を立ち上げるとき、鉄線でできた輪を仮設足場となる木材に引っかけ押し上げる。

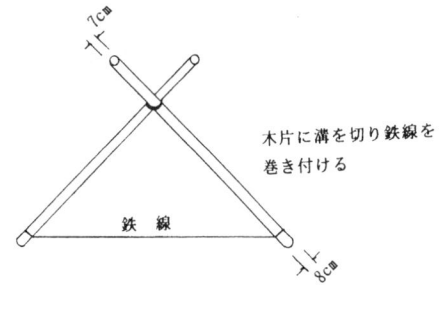

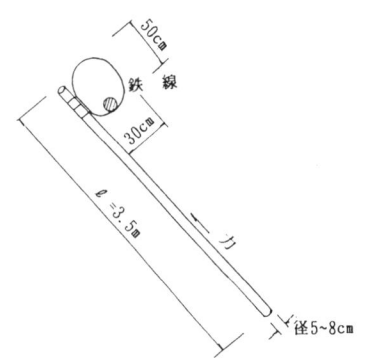

第1章　伝統的河川工法の施工

前立木の前端部を棟木の穴に合わせて削る

--- メモ－2 ---

棟木に穴をあける道具を『つぼよき』と呼ぶ。昔は、棟木に穴をあける作業は、棟梁のみが行える重要な作業であった。現在は、聖牛の職人の中に棟梁を努めた人がいないため、当時の記憶をもとに作業が行われた。

木を削るときに、木が滑らないように止める金具を『りん錺』と呼ぶ。

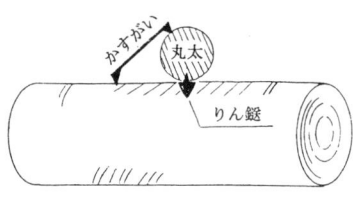

木を削るときの道具を『はずりよき』と呼んだ。

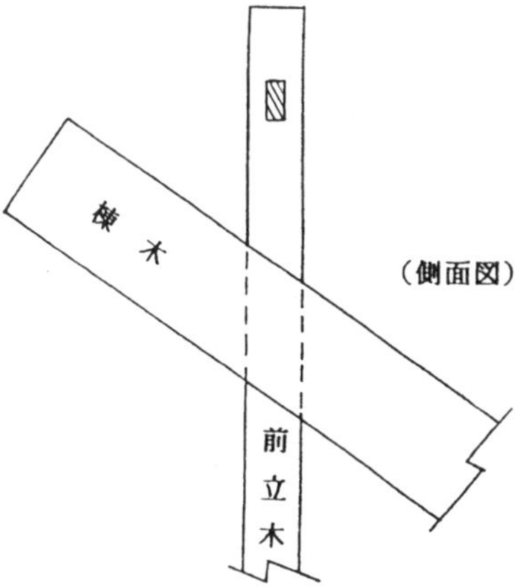

（側面図）

棟木
前立木

かんざし木の挿入

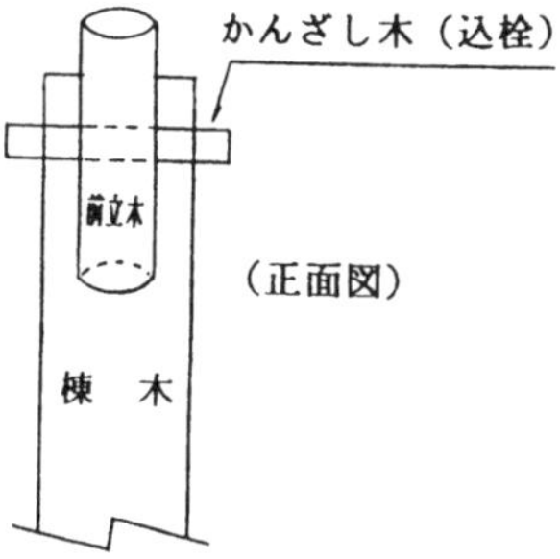

かんざし木（込栓）
前立木
棟木
（正面図）

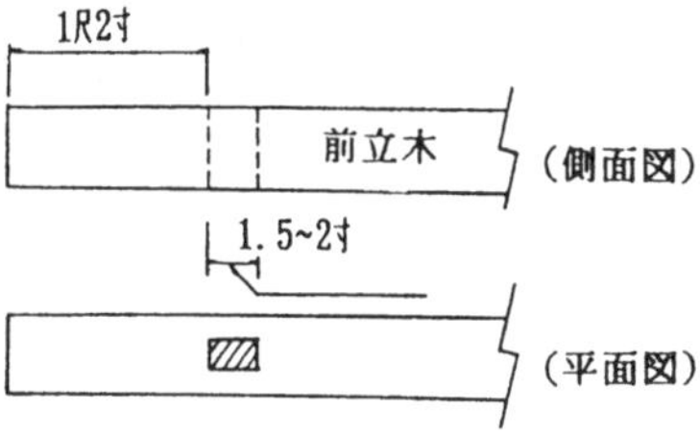

1尺2寸
前立木 （側面図）
1.5〜2寸
（平面図）

前立木にかんざし木を挿入するための穴

メモ 3

　かんざし木の挿入穴は『ぎむね（ドリル）』と『つぼよき』によりあけていく。
　職人は、ペンチ差しを腰に差して作業を行う。元がヒンジになっているため、どんな体勢でもペンチが落ちることはない。

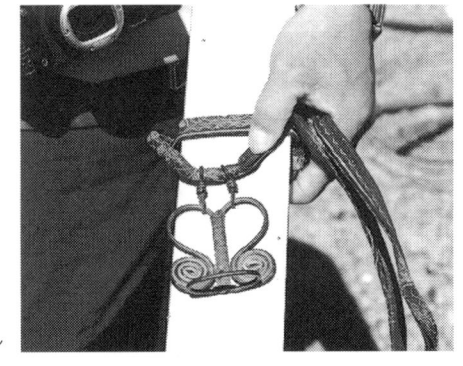

形の美しいペンチ差し

■前合掌組み立■

　前合掌は長さ5.5m、末口15cmの丸太二本を組み合わせる。左岸と右岸の組み合わせ方が異なり、川に面した方が後、堤防に面する方が前になる。つまり、左岸では上流から見て左合掌が前、右岸では右合掌が前になる。前合掌の組み立では、長さ30cmのかすがいで仮止めする方法もあるが、大井川では使わない。

　それぞれの合掌木は、交差部より約90cm（2尺8寸）出して、8番鉄線で結束する。水防工法の説明図によれば、7回半まわして12箇所にステップルを取りつけることになっているが、大井川の大聖牛の場合は4回である。ちなみに、「設計要領」では、鉄線は亜鉛引10番線となっている。砂払い（長さ5.5m、末口15cm）は前合掌木の前面（上流側）とし、それぞれの交差部よりの出は15cm（3寸）ほどとする。

前合掌組立の準備

◆砂払い・前合掌木の運搬・配置

砂払い・前合掌木を組み立てる位置まで運搬し、砂払いを底辺とした三角形となるように配置する。この場合、砂払いの配置方向で聖牛の全体の方向が定まるため注意を要す。また、前合掌木は川側が下、陸側が上に交差するように配置する。前合掌木の下に長さ2～3mの小丸太を連結し、前合掌木が起きた場合の仮設足場にする。

配置と仮設足場

――― メモ－4 ―――

　前合掌木等を配置する場合、小丸太を下に敷き、地面から浮かすようにすると、その後の作業がしやすくなる。

◆砂払いと前合掌木の連結

① 前合掌木を相互に8番鉄線で4周4ひねりで連結する。この場合、締める箇所を丸太の交点から多少ずらすようにすると、その後の作業がしやすくなる。なお、鉄線による連結は左図の箇所とし、連結鉄線をステップル（鉄線で事前に作っておく）で止めるようにする。

② 続いて、砂払いを前合掌木の上に乗せて鉄線で同様に連結する。交差位置も左図と同様とする。

③ 前合掌木の下に長さ2～3mの小丸太を連結し、前合掌木が起きた場合の仮設足場にする。

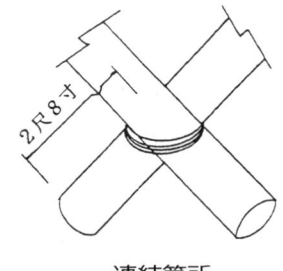

連結箇所

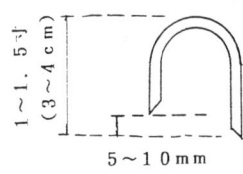

ステップル

前合掌木の連結

砂払木と前合掌木の連結

◆仮設材を用いた前合掌木の立ち上げ

桁木を砂払いに乗せて仮留めした後、傾斜角が30度程度になるまで持ち上げ、仮設材により固定する。

前合掌木の立ち上げ

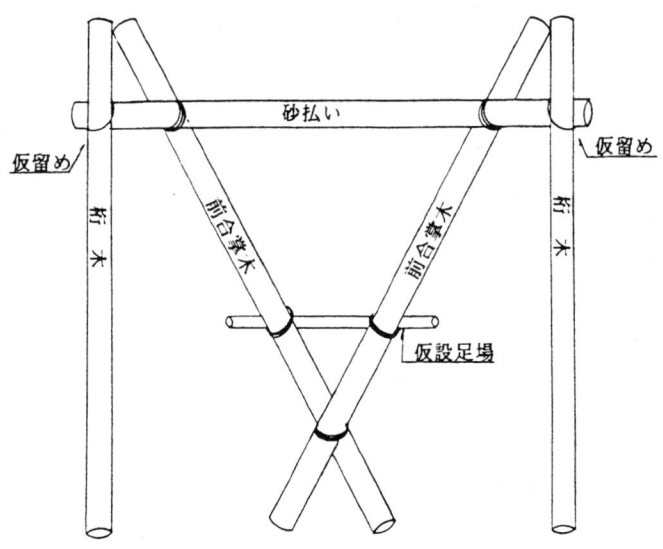

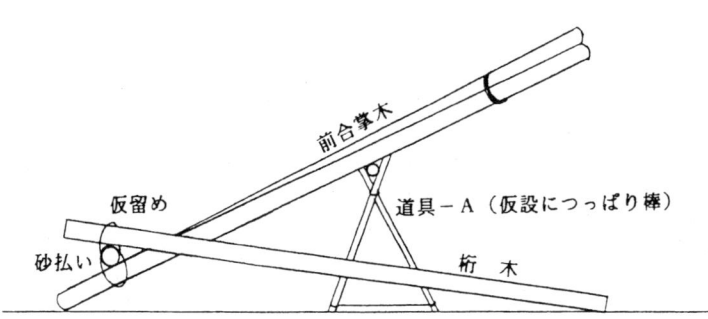

仮留め後(上図)、仮設材により固定(下図)

♦前合掌木へ棟木の立て掛け

　7〜8人程度の人数で棟木を起こし、30度ほどに起こしてある前合掌木の交差部分に立て掛ける。前合掌木が棟木の重さで倒れないように注意して立て掛けること。

前合掌木へ棟木の立て掛け

■前合掌の立ち上げ■

　大井川筋独特の前立木を通す穴は棟木にあけられる。棟木は、長さ9m、末口18cm（6寸）である。ここに縦長15cm（5寸）、横幅12cm（4寸）の穴をあけるのは、むしろ弱点部をつくることと心配していたが、棟木は根元を上流側に向けるので、実際の径は20cmほどとなり、その恐れはなかった。しかも、かなりの根元まで利用しているので、あたかも牛の頭部のごとき力強さと、得もいわれぬ趣さえある。

　棟木の穴は、15頁の図ように15cm（5寸）の勾配がついているので、前立木の勾配もこれに規制されることになる。ただし、前立木はぴったり収まるのではなく、縦方向にはルーズな状態となっている。地震に耐えたかつての日本家屋や木橋などのように、ここに柔構造の秘密がある。従って、前立木に差す「かんざし」は、固定するのが目的でなく脱落防止である。

前合掌の立ち上げ

◆棟木への前立木の挿入

① 棟木にあけてある穴が、前合掌木の交差部を少し出たあたりで穴を右斜め下の方向に向け、そこに用意してあった前立木を通す。

② その後、足場を利用して一人が頂点に登り、かんざし木(込み栓)を通す。

前立木(上)とかんざし木(下)の挿入

― 職人の美意識 ―

ここには、棟木の根張の形からほぞ穴の向きを変え、牛組みをより美しくしようという美意識がある。

◆棟木・前合掌木・前立木の立ち上げ

① 前合掌木の交差部にロープを巻き、前方で引っ張るとともに棟木を10人程度の人数で押上げながら前合掌木を立ち上げる。詳しくは、以下のような人員配置で安全性に十分配慮しながら実施する。

② ある程度、前合掌木が立上がり、前立木が回転できるようになった時点で前立木が垂直に垂れるようにする。

棟木・前合掌木・前立木の立ち上げ

【人員配置】
  a. ロープを前方で引っ張る。 …… 2人
  b. 棟木を前方に向かって押し上げる。 …… 10人
  c. 丸太に鉄線で輪をつけた道具を仮設足場の丸太に引っ掛け、押し上げる（各1人×2箇所）。 …… 2人
  d. 丸太に鉄線で輪をつけた道具を前合掌木にかまし、前合掌木が転倒しないように起き上がるごとに位置をずらす。 …… 1人
  e. 中心となる人物が声を掛け、安全を図りながら押し上げるが、この人が前立木の垂直を判断し、立ち上げ終了の合図をする。 …… 1人

③ 前立木が地面に対してほぼ垂直になった時点で、立ち上げは完了する。

前立木の立ち上げ完了

■桁木連結■

　通常の順序は、向かって左側の桁木から取付け、砂払いの上で二本の桁木と三角形をつくる。まず、棟木を前合掌から90cm（3尺）出して位置を定めるが、大井川の場合は前立木のほぞ穴が棟木先端より70cm（2尺1寸）の位置にあるので、棟木の出もこれで決まる。結果的にはほぼ同じ「出」となる。市販されている土木関係の図書や教科書の姿図は、砂払木と離れて桁木を置いているが、これは誤りで、砂払木に直接連結する。でなければ施工しづらく不可能だろう。また、上述のように左側の桁木からというのも誤りで、川側（この大聖牛は左岸なので右側から）から重ね合わせていかないと次に施工する梁木と敷成木が堤防に向って危険側に傾斜してしまう。ちなみに、梁木および敷成の高さをなるべく水平に保つためには、重ねあわせの厚味を少なくする必要があり、大井川では桁木の末と元との方向を逆に施工する。また、大聖牛は水制の力を発揮する度に後方（尻）は沈下するため、桁木一本分くらい上がった程度の施工でも縦断方向的には問題ない。ここまでで、基本三角錐ができ上る。

桁木

桁木の連結

◆砂払い・前合掌木への桁木の連結

　桁木と砂払いで三角形をつくり、位置が定まった後、砂払いと桁木および前合掌木と桁木のそれぞれを鉄線にて4周4ひねりで連結する。

砂払い・前合掌木への桁木の連結

◆棟木への桁木の連結

　桁木を持ち上げ、川側の丸太が下になるように交差させ、丸太相互を3箇所（棟木と桁木2箇所、桁木と桁木1箇所）で4周4ひねりで連結する。この場合、聖牛は水の力によって後方が下がる傾向にあるため、桁木の位置は平行より木一本分程度上がった位置に連結するとよい。

棟木への桁木の連結

桁木の連結が完了した状態

― メモ－5 ―

桁木の連結に際して、川側の桁木を凸（左図）、陸側の桁木を凹（右図）にすること。

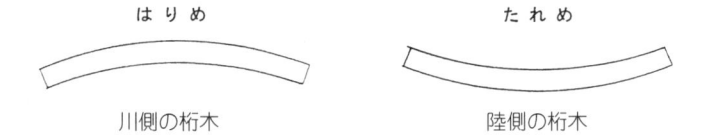

はりめ	ためめ
⌒	⌣
川側の桁木	陸側の桁木

理由：川側の桁木が下、陸側の桁木が上になるように連結するため、上記のように配置することで、梁木をのせた時左右の傾斜が少なくなり、その上にのせる柵敷木がきれいに並ぶ。従って、蛇籠の据付が容易となる。

■中・後合掌木■

　中合掌木（長さ4.5m、末口12cm）、後合掌木（長さ3.6m、末口12cm）は、最も折損しやすい棟木を保護するために桁木と結ぶ合掌を組むもので、後合掌、中合掌の順に連結する。合掌の組み方は前合掌木と同様で川側が下、陸側が上になる。桁木へはそれぞれ中梁木、後梁木の後に設けられ、桁木、梁木双方に8番鉄線4回まわしで連結される。合掌部より上の「出」は、通例中合掌木で棟木より75cm（2尺5寸）、後合掌木で55cm（1尺8寸）程度と後方に向かって漸減させるのが水勢にも見合い、見た目も美しい。

　人間には素晴らしいバランス感覚が神から与えられており、見て美しい、見て落ち着くという形は、不思議なことに力学的にも自然の摂理にも合致している。ただ、この大井川の聖牛では、後合掌木に牛押木を補強するので、後合掌木の「出」はむしろ、中合掌木より長く突き出る。

中合掌の連結

後合掌の連結

◆中・後合掌木の連結

① 染木を仮留めした後、後合掌木、中合掌木の順に棟木、桁木に4周4ひねりで連結する。この場合、棟木と合掌木ができるだけ直行するようにするとともに、川側の合掌木が下になるように連結する。
② 後合掌木を連結した後、前の仮設足場と後合掌木を丸太で連結し、中合掌木を設置するときの足場にするとよい。

中・後合掌木の連結

連結後の足場

■梁木連結■

　梁木は胴木ともいい、長さ5.5m、末口15cmの杉丸太を三本、桁木の上にのせる。これが棚敷木（敷成木）の台となる。前部の梁木は、前合掌木の前面（上流側）に連結する。つまり、砂払いと平行の位置になり、前固めを柵工とする場合には、砂払いと前部梁木とに前立木を施工する。中央梁木はそれから1.8m（6尺）後方に、後部梁は3.3m（11尺）離して桁木に連結する。すなわち、この位置から中合掌木、後合掌木に連結されるため、事前に梁木を仮留めしておくことになる。この位置が次にくる中合掌木、後合掌木の連結場所を決める。

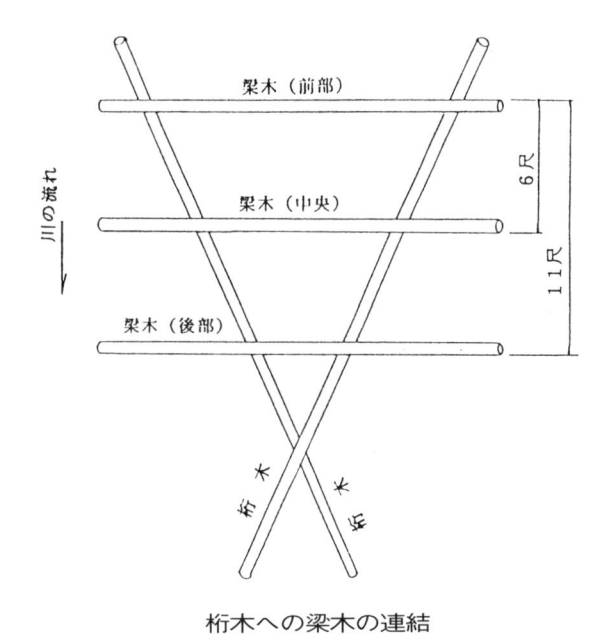

桁木への梁木の連結

◆梁木の連結
① 前梁木を前合掌木の前に連結する。この場合、前合掌木、桁木のそれぞれに鉄線で4周4ひねりで連結する。
② 中梁木、後梁木は、それぞれの後面が前梁木の後面より6尺、11尺の位置にくるよう配置し、同様に桁木に連結する（写真は中合掌木、後合掌木を連結する前に梁木を仮留めしている様子）。

連結前の梁木の仮留め

■力木・後押木■

ここまでに大聖牛の骨格は完成を見るが、大井川筋の大聖牛では、更に前合掌木に前合掌力木（長さ3.6m、末口12cm）と、後合掌木の後に牛押木（長さ3.6m、末口12cm）を補強する。前合掌力木は前合掌を補強するために、前立木を境とする二つの三角形にさらに対角線上に力木を入れ、ここでも新たに三角形をつくる。前立木より90cm（3尺）ずつ離し、逆八の字形に砂払いの後から前合掌の前面に抜く。牛押木は棟木と聖牛全体の補強を図るために、後合掌木とほぼ平行して後合掌木（長さ3.6m、末口12cm）と同様のものを連結する。牛押木は後合掌木と相似形だが、上部の連結は後合掌木の「出」の部分、棟木より60cm（2尺）ほど上で連結される。

牛押木の連結

前合掌力木の連結

メモ－6

前合掌力木は、一般的には設置しないが、大井川筋では前合掌木等の補強を兼ねて従来より設置してきた。

◆前立木・前合掌力木の連結

① 仮留めしてあった前立木を前梁木と砂払いに4周4ひねりで連結する。このとき、前立木が地面に対して垂直に立っていることを確認すること。
② 前立木を連結した後、前合掌力木を前合掌木、前梁木および砂払いに4周4ひねりで連結する。

前立木・前合掌力木の連結

大聖牛の建設　37

◆牛押木の連結

牛押木は後合掌木に平行な位置に配置し、後合掌木と梁木に4周4ひねりで連結する。

牛押木の連結

──　メモ－7　──

　牛押木は、一般的には設置しないが、大井川筋では従来より設置してきた。これはほとんどの場合、棟木を折られて大聖牛の破壊が引き起こされるため、牛押木で後合掌木を補強することにより、棟木が折れるのを極力防ぎ、ひいては大聖牛の破壊を防ごうとしたものである。

■柵敷木■

　柵敷木は敷成ともいわれ、蛇籠をのせるための台である。長さ4.5m、末口9cmの杉丸太15本を使用することとされている。ところが、15本では柵敷木間の間隔が広すぎて蛇籠が垂れてしまって見映えが悪いだけでなく、詰め石が脱落する危険もある。そこで、かつての建て方衆達は柵敷木の上に粗朶を敷いたり、目通り10cmの竹を補助材としたり、柵敷木の本数を増やしたり苦労した。ここでは、その経験を踏まえ柵敷木を2本増し、17本として施工した。また、尻籠を置く棟木と桁木の交差部分は複雑な構造のうえ、蛇籠を置くスペースが左桁木の上に限られ、収まりも悪い。そこで、大井川では、ここに蛇籠をのせるための梯子状の台架をつくり、蛇籠の天端附近が折れたり、偏平になったり、あるいはずり落ちたりするのを防ぐようにした。

　さらに、この交差部は聖牛を支える重要な支点であり、長さ1.8m、径12cmの杭で固定する。この杭木も大井川筋独特のもので、標準歩掛りには計上されていない。柵敷木は、単なる蛇籠をのせる台であり、聖牛自体との強さとのかかわりは少ない。従って、結束鉄線は10番線で2周4ひねりと、1ランク低い扱いとなっている。

柵 敷 木

◆柵敷木の連結

17本の柵敷木を梁木延長L＝5.5mの間にほぼ均等に敷き並べ、梁木との交点を10番鉄線で2周4ひねりで連結する。両端の柵敷木が梁木と交差する6箇所のみ十字巻きで連結するが、その他は片側のみの連結でよい。なお連結にあたっては、鉄線の方向を梁の方向に対して同一にすること。

柵敷木の連結

◆杭木の打ち込み

尻（トンボ）部にL＝1.8m、φ＝12cmの杭を棟木に直角に打ち込んで固定する。

杭木の打ち込み

> ── メモ－8 ──
> これも大井川特有の工程だが、聖牛を固定する上で大変重要である。

◆梯子の組み立て

棟木の後方、桁木の交差部付近に梯子を左右に設置する。

梯子の組み立て

メモー9

梯子は一般的には設置しないが、後部に設置する蛇籠が、ずれたり垂れたりして、積め石が抜け出ることがないよう、大井川筋では従来より設置してきた。

牛枠の完成

■重　籠■

　設計要領の姿図によれば、重籠の蛇籠は三段積みのように見えるが、これでは洪水の透過を阻害する率が多いため、大井川では前列が下段4本と上段が3本の計7本、後列が下段が3本と上段が2本の計5本。いずれも2段式として、合計12本の蛇籠を施工する。また尻籠は、姿図では3本を並列にのせることになっているが、これでは3本がバラバラになる可能性が強く、大井川では逆に下段2本、上段1本の計3本を2段式として施工する。

　重籠の長さは5.5m、尻籠は4.5m、径はともに60cmとしている。大井川でも長さは同じだが、径は60cmではおさまりが悪いために45cmとした。姿図には書いてなく、何故か歩掛りにも計上されていないが、この大聖牛で大切なのは前固め籠であり、大聖牛の水制には欠くべからざるセットである。これがなければ、洪水は砂払い、敷成の下を潜り抜け、水制は流失してしまう。

　ここでは前固めとして、長さ4.5m、径45cmの蛇籠を下段2本、上段1本の計3本を施工した。ちなみに、今回の前固めはこの建て方衆の経験より鉄線蛇籠としたが、大井川筋では砂払木に立成木を施して柵工とし、透過を防止する方法も行なわれており、それらの選択は施工時の水位、水勢などで決定する他、多少は棟梁の得手、不得手にもよるらしい。なお、生態系等を考慮して堆積が予想される尻籠附近には、柳枝を差し木しておくのが当然である。

◆蛇籠の設置

　蛇籠は、長さ5.5m、径45cmの18本をそれぞれ重籠として12本、前固籠として3本、尻籠として3本設置する。なお、重籠は前合掌木と中合掌木の間に3本、4本で2段に、中合掌木と後合掌木の間に2本、3本で2段に設置する。前固籠は前合掌木の前の地面に1本、2本で2段にし、尻籠は梯子の上に垂れるように1本、2本で2段で設置する。

44　第1章　伝統的河川工法の施工

蛇籠の設置

―― メモ－10 ――

　前固籠は、洪水時に流水が柵敷木の下を通り抜けるのを防止するために設置する。これにより大聖牛は、水制工としての威力を発揮する。

大聖牛の完成

中聖牛の建設

■建設過程■
◆下準備

大聖牛の場合と同様に組み立てる前の準備をしておく。中聖牛の場合は前立木の通るほぞ穴は開けないので下準備は比較的簡単である。ただし、皮むきを行い、ひび割れ等のない強固な木材を利用するのは言うまでもない。

◆砂払い・前合掌木の運搬・配置

① 砂払い・前合掌木を組み立てる位置まで運搬し、砂払いを底辺とした三角形となるように配置する。この場合、砂払いの配置方向で聖牛の全体の方向性が定まるため注意を要す。今回の場合、砂払いの方向は右岸コンクリート擁壁に対し、直角より多少下流側へ傾くようにすると、洪水流の直撃を受けることがなく良い結果が得られる。また、前合掌木は、川側が下、陸側が上に交差するように配置する。
② 前合掌木の下に長さ2〜3mの小丸太を連結し、前合掌木が起きた場合の仮設足場にする。

◆砂払いと前合掌木の連結
① 前合掌木を相互に8番鉄線で4周3ひねりで連結する。この場合、締める丸太の交点から多少ずらすようにすると、その後の作業がしやすくなる。なお、鉄線による連結箇所は、大聖牛と同様交点か木材の端から2尺8寸（約90cm）になる位置とする。この時、連結鉄線を図に示すようなピン（これはステップルと呼び、鉄線で事前に作っておく）で止めるようにする。なお、ステップルの打ち込み位置は次頁図を参照。
② 続いて、砂払いを前合掌木の上にのせて、交点が木材の端から1尺7寸（約50cm）になる位置で交互を鉄線で連結する。

◆重機による前合掌木の立ち上げ
① 今回は、重機（バックホー）にワイヤーを結び、それで所定の高さになるまで立ち上げた。なお、この場合にも大聖牛のときと同様に、仮設材の道具A、B（15頁メモ－1参照）を利用して固定しながら立ち上げた。
② 前合掌木は前立木が垂直〜10°位下流側に傾斜するので、その分だけ傾斜を見込み立たせる。

【参　考】

護　岸

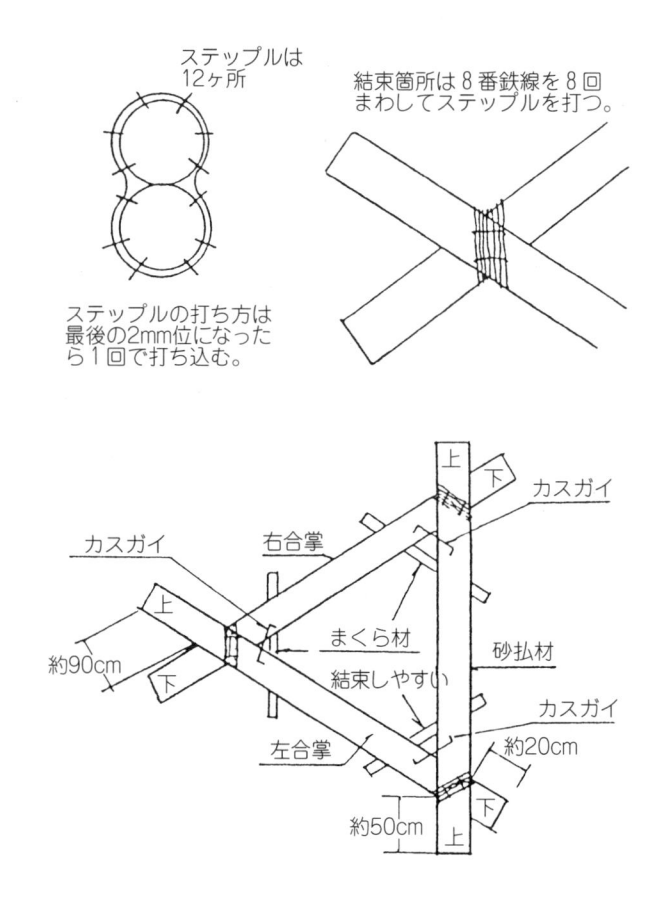

ステープルは12ヶ所

結束箇所は8番鉄線を8回まわしてステープルを打つ。

ステープルの打ち方は最後の2mm位になったら1回で打ち込む。

上
下
カスガイ
右合掌
カスガイ
まくら材
砂払材
結束しやすい
約90cm
上
下
左合掌
カスガイ
約20cm
約50cm
上
下

◆前合掌木への棟木の立て掛け

　同様に重機で前合掌木の交差点から棟木が2尺8寸（約90cm）出るように立て掛ける。このとき、棟木は砂払い木の中心より直角になるようにするとともに、末口側を前合掌木に立て掛けること（50頁参照）。

中聖牛の建設　49

棟材と前合掌の組立

　前合掌材、砂払材の結束完了後、前合掌上部に長さ7.3m、末口15cmの棟材を約90cm前に出るように仮り結束して地上に立たせる。

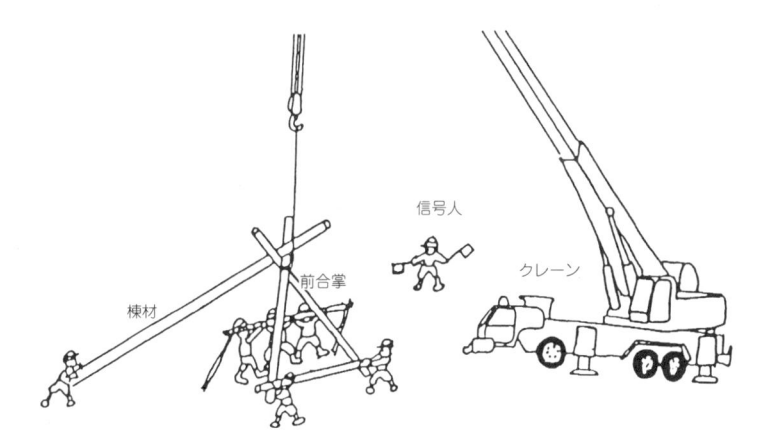

　地上に立たせる時は、前合掌交点にワイヤーロープを付けクレーンで立たせる（転倒防止のため細木、足場丸太等で支える）。組立て人員は上図の配置で組立てる。

桁材の組立

　長さ7.3m、末口15cmの桁材の組立は、砂払材の上に乗せる（桁材を乗せる順序は、上流より向かって右岸の桁材を先に組み立てる）。棟材と、桁材はカスガイで結合し、8番鉄線で8回まわしステップルで固定する。次に左側の桁材を、砂払材と右側桁材の上に乗せて右側桁材と同様に固定する。

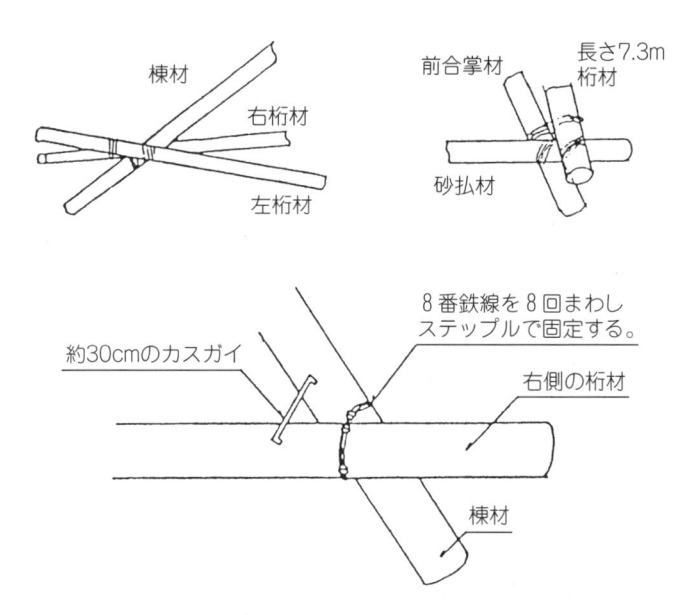

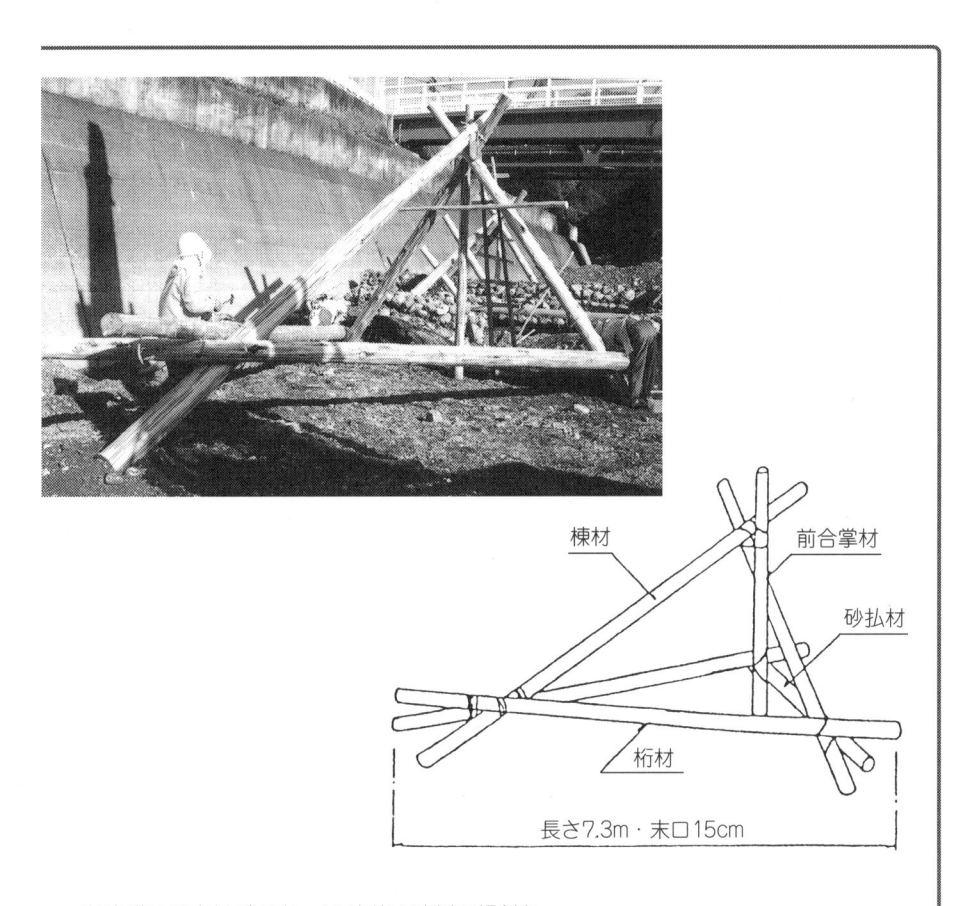

中聖牛の建設　51

棟材
前合掌材
砂払材
桁材
長さ7.3m・末口15cm

　前合掌は前立材が垂直～10度位下流側に傾斜させるので、その分だけ傾斜を見込み、立たせる。
　前棟材は、前合掌から約90cm出して位置を決め、固定し結束する。この時棟材は砂払材の中心より直角になるようにする。

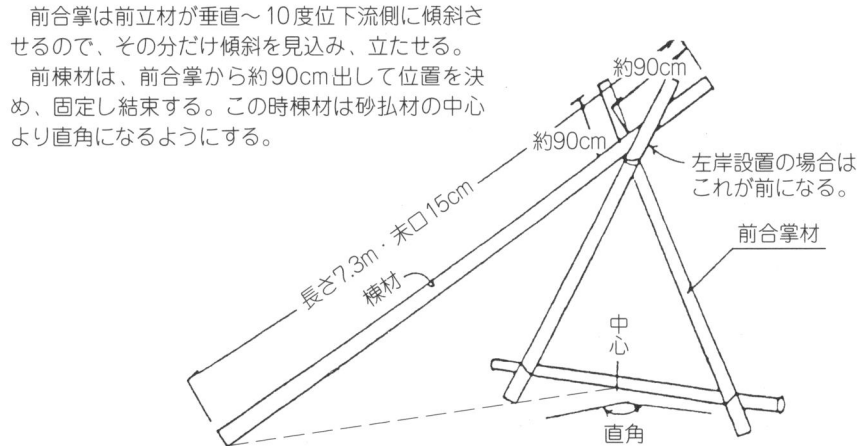

約90cm
約90cm
左岸設置の場合はこれが前になる。
前合掌材
長さ7.3m・末口15cm
棟材
中心
直角

◆棟木の合掌への連結

重機で職人が一人棟木と前合掌木の交点までのぼり、2か所をそれぞれ12番鉄線で4周3ひねりで連結する。

◆砂払い・前合掌木への桁木の連結

桁木と砂払いで三角形をつくり、位置が定まった後、砂払いと桁木及び前合掌木と桁木それぞれを鉄線にて4周3ひねりで連結する。この場合、桁木の尖端を砂払い木の面よりあまり上流側に出さないようにすること。これは、中聖牛の砂払い木は大聖牛に比べて位置が低いので、あまり桁木を上流に出すと前固め籠の収まりが悪くなるからである。また、桁木は上流側を元口にすることは、大聖牛と同様である。

◆棟木への桁木の連結

　桁木を持ち上げ、川側の丸太が下になるように交差させ、丸太相互を3箇所(棟木と桁木2箇所、桁木と桁木1箇所)で4周3ひねりで連結する。この場合、聖牛は水の力によって後方が下がる傾向にあるため、桁木の位置は平行より木一本分程度上がった位置に連結するとよい。なお桁木の連結に際して、川側の桁木凸、陸側の桁木を凹にするのは、大聖牛の場合と同様である。

54   第1章　伝統的河川工法の施工

後合掌木の連結

中合掌木の連結

◆前立木の連結

前合掌木の前面、砂払いの後面に上が末口になるように連結するとともに、棟木に対して陸側に連結する。砂払いに対して垂直になるように配置すること。

◆中・後合掌木の連結

梁木を配置し仮留めした後、後合掌木、中合掌木の順に棟木、桁木に4周3ひねりで連結する。この場合、中・後合掌木は前合掌木に平行に配置するとともに、川側の合掌木が下になるように連結する。

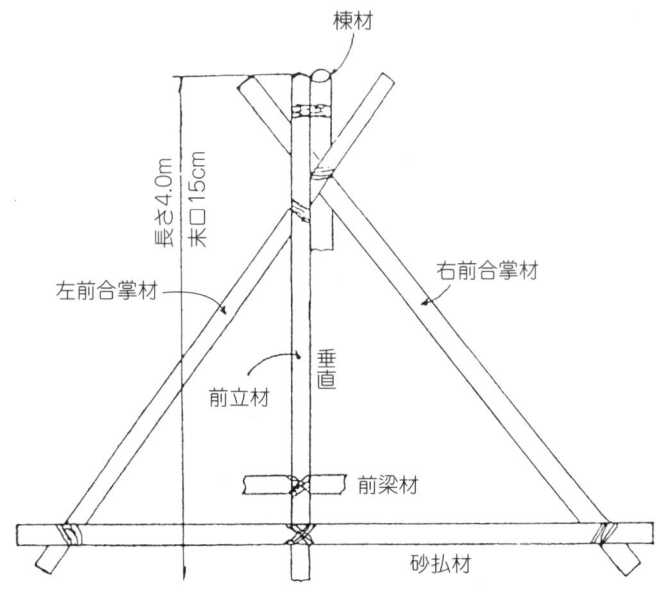

中聖牛の建設　57

◆梁木の連結

　前立木と前合掌木の太さが違うため前梁木は前合掌木の前に連結したほうが、前合掌木および前立木と接して連結されるが、中聖牛の場合、桁木の出が少なく安定が悪いため前合掌木の後ろに鉄線4周3ひねりで連結する。また、この場合、前梁木と前立木の間に隙間があいてしまい梁木か撓む原因となるため、図のように杭を打って梁木を固定した。中梁木は前梁木より4尺8寸（約150cm）、8尺5寸（約250cm）の位置にくるよう配置し、中・後合掌木および桁木に連結する。

前梁木と前立木の間に隙間がある。 　　　　　杭を打って固定

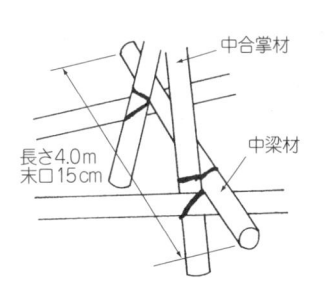

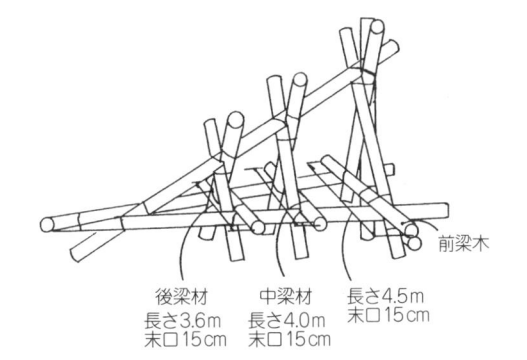

中合掌材
中梁材
長さ4.0m
末口15cm

後梁材　中梁材　　　　　長さ4.5m
長さ3.6m 長さ4.0m　　　末口15cm
末口15cm 末口15cm

前梁木

中・後梁木の連結

◆柵敷木の連結

15本の柵敷木を梁木延長L＝4.5mの間にほぼ均等に敷き並べ、梁木との交点を10番鉄線で2周4ひねりで連結する。両端の柵敷木が梁木と交差する6箇所のみ十字巻きで連結するが、その他は片側のみの連結でよい。なお連結にあたっては、鉄線の方向を梁の方向に対して同一にすること。

棚敷木の設置作業状況

敷成材の組立

　長さ3.6m、末口15cmの敷成材10本と、長さ2.4m、末口12cmの敷成材2本を梁材の上に敷く。
　長前梁材の上では、約40cm間隔で12箇所、後梁材の上では、約40cm間隔で10箇所結束する。

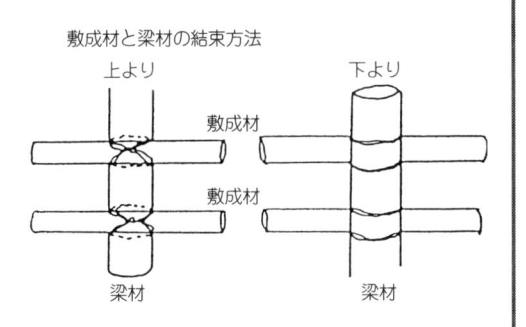

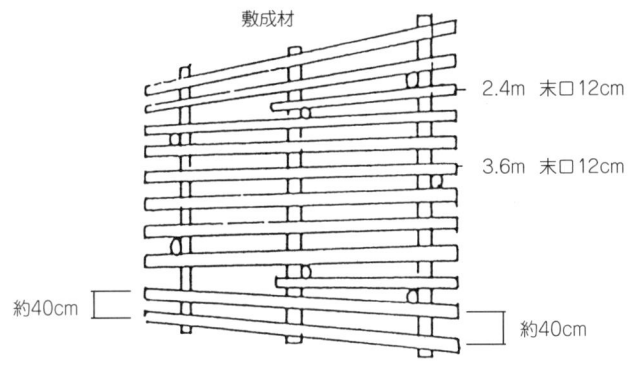

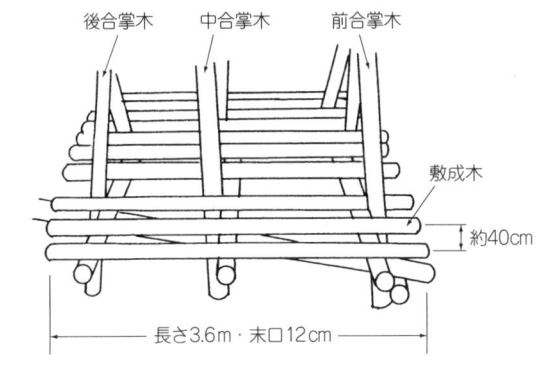

敷成材と梁材の結束方法
上より　　　　　下より
敷成材
敷成材
梁材　　　　　　梁材

敷成材
2.4m　末口12cm
3.6m　末口12cm
約40cm　　　　約40cm

後合掌木　中合掌木　前合掌木
敷成木
約40cm
長さ3.6m・末口12cm

水防工法 ― 枠入れ工(川倉)の施工

「枠入れ工」は、古くから伝統的に行われている代表的水防工法であり、中聖牛、川倉、鳥脚、笈牛、牛枠、改良猪の子など、丸太材と蛇籠による枠組工の総称である。

堤脚に洗掘が生じた場合、その前面に設置して流向を変え、流勢を和らげて拡大を押さえ堤防の崩壊・決壊を防止する。枠入れ工の中でもとりわけ、川倉や牛枠がごくあたり前の工法として汎用されており、当地では平成12年9月の大井川出水に際して実施され、洪水にもよく耐えて洗掘防止に大いに効果のあったことが確認されている。

災害時には緊急を要するため、日頃からの準備・訓練が不可欠である。毎年行われる水防演習時には、前もって準備してデモンストレーション的に組み立て、設置されているが、水防団員といえども年毎に工法を知る人は少なくなり、実際に水害現場で施工した経験をもつ人はごく僅かである。

そこで、静岡市水防団と国土交通省静岡河川工事事務所では、こうした伝統的水防工法が、かつて果たして来た役割と効果が大きいこと、経験を積めば人力だけで比較的簡単に短時間で施工できること、間伐材の有効利用が可能であり、詰石や木材の間には多様な生物の生息空間が形成され景観や環境面での利点があることなど考慮して、積極的に技術継承を図っていくこととしている。

平成13年1月には、単に知識や技術の伝承ではなく、具体的に水害を防止するための河岸整備および水防活動の一環として、安倍川本川の左岸静岡市辰起町地先に川倉10基、右岸の同市下与左衛門新田に中聖牛2基と川倉8基を施工した。いずれの場所も、前年の夏に川岸の堤防まで洪水が迫った水防上の要注意箇所である。

枠入れ工による水防工事は、静岡市水防団員や静岡河川工事事務所および災害応急協定を結んでいる建設業者ら総勢450人が参加して、多くの市民が見つめる中、1月20、21日に行われた。河川工事の現場にこれだけ多くの市民が集まることは少なく、安倍川の治水、環境、水防活動および住民らの危機管理に対する意識改革にも相当に波及効果のあったことがうかがえる。

中聖牛、川倉の施工状況は写真のとおりであり、作業工程については前書[I]の4章を参照されたい。

なお、今回の川倉の砂払い(前固め)については蛇籠積み(通常三本組)ではなく、立木柵によるものが採用されている。前固めの目的は、洪水が枠組本体や梁木を浮上させたり、前合掌木脚部に対する激流を防止するため、および前面の洗掘に対応するような

水防工法 — 枠入れ工(川倉)の施工　63

透過性の流勢緩和装置を設けるもので、下世話にはこんにゃく(砂を払うので)やスカートなどと呼ばれたこともあった。かつては蛇籠や木材のほか、竹や柳を編んだものや緊急時には古畳なども使われたこともあり、要は材料そのものより身近の使いやすいものを用いて、いかに効用を果たすかといった視点での検討で十分である。

　重要な箇所でありながら本書の工法紹介では多くの場合、この前固めが欠落しているが、それはどの枠類にとっても当然必要なものであるので、本体構造をわかりやすくするためと、多様な構造や素材が考えられていることもあって敢えて削除した。

　いずれにしても、水防団が昔ながらの工法で忠実に再現した川倉の設置は、安倍川では戦後初めてのことであった。以下、枠入れ工(川倉)と中聖牛の施工状況である。

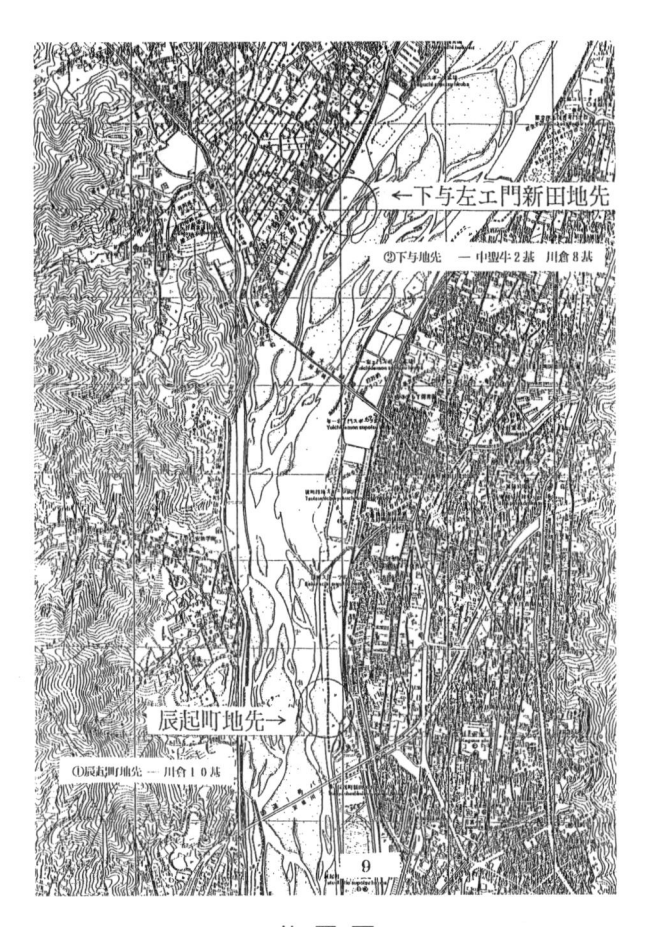

位　置　図

正面図

- 横木 長4.5m 末口12cm
- 梁木 長3.6m 末口12cm
- 桁木 長4.5m 末口12cm
- 砂挾木 長3.6m 末口12cm
- 前立木 長1.8m 末口6cm
- 櫼木 長1.8m 末口6cm
- 合掌木 長1.8m 末口6cm

平面図

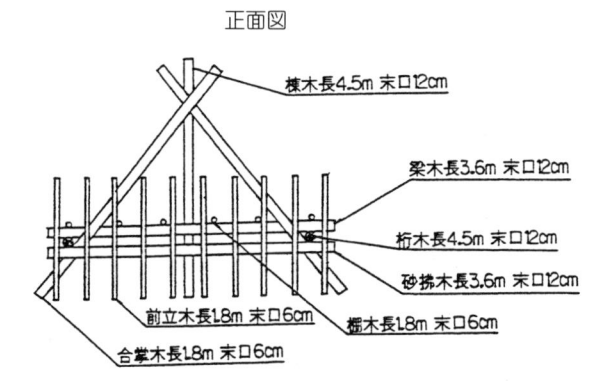

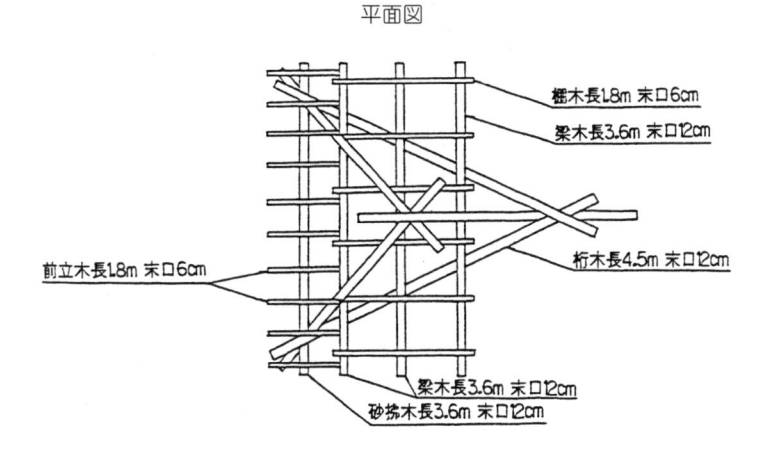

- 櫼木 長1.8m 末口6cm
- 梁木 長3.6m 末口12cm
- 前立木 長1.8m 末口6cm
- 桁木 長4.5m 末口12cm
- 梁木 長3.6m 末口12cm
- 砂挾木 長3.6m 末口12cm

前立木による砂払い（前固め）の例

水防工法 ― 枠入れ工(川倉)の施工　65

■枠入れ工(川倉)の施工状況■
◆安倍川左岸・静岡市辰起町地先：川倉10基

部材の製作　　　　　　　　　前合掌の組立て

基本三角型の製作

棟木と桁木の組立てと後合掌の組立て

棟木・前合掌、後合掌部の結束状況

敷成木の組立て

重し蛇籠の製作・設置

前立木の設置

前立木の詳細

水防工法 — 枠入れ工（川倉）の施工　67

完　成

川倉が低水護岸に近接しすぎているため、後合掌、棟木が護岸の上にあり、不等沈下しやすい。前立木は蛇籠に変えても良い。

安倍川の洪水流量に対して川倉はやや非力である。群（3基）として配置する場合は、連結する必要はないか？

小出水後の川倉の状況

■枠入れ工（川倉）と中聖牛の施工状況■
◆安倍川右岸・静岡市与左衛門新田：川倉8基

基本三角型の製作

棟木と左側桁木、右側桁木との連絡

敷成木の組立て

前立木の製作

水防工法 — 枠入れ工(川倉)の施工　69

重し蛇籠の製作と設置

各部材の結束状況

完　成

70　第1章　伝統的河川工法の施工

川倉水制群（5基の完成）

右岸なので、合掌木（前合掌および中合掌）の組み方は右側が上になるべきである。

写真（左）　左岸側に施工する場合の前合掌の組み方
写真（右）　右岸側に設置する場合の前合掌の組み方

水防工法 ― 枠入れ工（川倉）の施工　　71

　敷均木と蛇籠工の施工がアンバランスなため、敷均木のうち、左右各一本の上に重し籠がない状況にある。敷均木の間隔を詰めるか、蛇籠の長さを調整する必要がある（敷均木は10本施工してあるが、9本でもいいのではなかろうか？）。
　また、敷均木は尻が下がりすぎないように施工したい。

　　蛇籠工は、○○積みより○○○積みの方がいいのでは？

施工位置

　施工箇所上流に不透過性の水制があるため、中聖牛（2基）川倉の施工はこの固定水制とセットで位置を決めることが必要。現状では、中聖牛と固定水制の間があきすぎて、洪水時にはむしろ下流堤脚の洗掘を助長する危険がある。
　対策としては、中聖牛より右岸川の河岸を補強するとか、中聖牛より上流に新たに水制群を配して、洪水を河央に転向させるか、中聖牛と固定水制間を蛇籠工等の簡易透過性の水制を設けたらどうだろうか。

■中聖牛の施工状況■

◆安倍川右岸・静岡市与左衛門新田：中聖牛2基

施 工 中（静岡市水防団）

写真（左）頭部の連結状況
　　　　（前合掌・棟木・
　　　　　前立木）

写真（右）中合掌および後
　　　　合掌、棟木の連結
　　　　状況

蛇籠の設置状況

水防工法 — 枠入れ工(川倉)の施工　73

後合掌、敷成木・蛇籠の施工状況

完成全体図

【参 考】

(1) 中聖牛・枠入れ工の洪水時の状況

中聖牛（静岡市水防団施工）
- 洪水時（減水時）
- 安倍川右岸
- 静岡市下与左衛門新田
  （撮影：2001.1）

中聖牛（静岡市水防団施工）
- 施工1年後の状況
- 安倍川右岸
- 静岡市下与左衛門新田
  （撮影：2002.1）

水防工法 — 枠入れ工(川倉)の施工　75

川倉（静岡市水防団施工）
- 洪水時（減水時）
- 安倍川左岸
- 静岡市下辰起町
  （撮影：2001.9）

川倉（静岡市水防団施工）
- 施工1年後の状況
- 安倍川左岸
- 静岡市下辰起町
  （撮影：2002.1）

川倉（静岡市水防団施工）
- 洪水時
- 安倍川右岸
- 静岡市下与左衛門新田
  （撮影：2001.9）

全景（上）と川倉背後（下）
　既に減水時ではあるが、川倉水制の背後の川は濁流の色も波浪も小さく、本流に比べて宥められているのがわかる。

水防工法 ― 枠入れ工（川倉）の施工　　77

川倉（静岡市水防団施工）
- 施工1年後の状況
- 安倍川右岸
- 静岡市下与左衛門新田
  （撮影：2002.1）

―― 急流を治める水防団出動 ――

富士川の支川笛吹川に「川倉」を施工する水防団

戦後最大級の台風：
昭和57年の10号台風時

（2）粗朶沈床の施工事例

施工場所：信濃川下流下須　〔出典〕国土交通省信濃川下流工事事務所・新潟県粗朶業協同組合資料

1. 台船と連柴下格子

2. 下格子の部分

3. 下格子組み

4. 連柴の据付け

5. 連　柴

6. クレーンによる連柴の運搬

水防工法 ― 枠入れ工（川倉）の施工   79

7. 連柴上格子の結束

8. 組み上がった連柴格子

9. 小杭の打込み

10. 帯梢による棚組み

11. 沈下位置固定用H形鋼の打込み

12. 流し丸太（浮き丸太）の撤去

13. 小杭の再打込み

14. 沈石の準備

15. 沈石の投入

16. 沈下しつつある粗朶沈床

17. 沈下後も沈石投入を続ける

18. 完成した護岸
（前面に粗朶沈床が沈んでいる）

木工沈床の施工

■木工沈床による災害復旧施工計画の概要■

　平成5年7月4日～5日の梅雨前線豪雨による出水により、中川根高郷地先の大井川の低水護岸の階段ブロックが被災した。これは、出水による大きな河床変動で河床が数メートル低下し、護岸基礎部が浮き上がった状態で洪水にさらされ、階段ブロックの裏込材が吸い出され流失し、階段ブロック護岸が転倒したものである。

　災害復旧工法の検討ではまず、大井川の通常の河床は洪水の減水時に土砂が堆積した状態であり、洪水時の河床とは数メートルの差異があるという大井川の特性を念頭におかなければならない。単に、原形のみの復旧であれば、再度被災するのは明らかである。そこで、河床の低下に対して根固工を検討したが、大きな変動に追従するために屈撓性があり、空隙のある構造の根固として、かつて大井川で広く施工された木工沈床を災害査定に提案し採択された。ただし、根固工の高さについては、大井川災害査定における「横並び」から当面現河床に見合ったものとして処理された。採択後、災害復旧工法検討委員会の意見を参考に災害費に県単費を合併し、さらに復旧効果を高めた。まず、計画河床を60cm下げた。これは、淵ができ、生き物が生息する空間を生み出す効果と、常時木工沈床を水中にとどめ、その耐久性を高める効果を期待している。

　また、階段ブロック護岸を多段式のかごマット護岸に変更した。これはブロックが剛構造で、いわば木に竹をついだ型であるのに比し、かごマットが河床の変動に追従する構造であり、景観的にも大井川が砂利河川であることから玉石が表面に出たかごマットは周囲になじみ易い構造であることによる。

■工事概要■

工　事　名	一級河川大井川5年災害復旧・中流域浸水対策合併工事　5年査定第83号
工期着手	平成5年12月22日
完　　成	平成6年9月30日
施工箇所	静岡県榛原郡中川根町高郷地先
施　工　者	大栄建設(株)
現場代理人	森脇清隆
主任技術者	植村　亨

木工沈床建て方衆
　曽根　一・曽根友次
　小野勝弘

手伝い
　加藤かん・曽根たつみ
　山内福江・山田房子

工事内訳
施工延長	L＝170.6m
かごマット工	L＝50.6m
蛇かご工	L＝120m
木工沈床工（3連5層建)	L＝91.2m

第1章 伝統的河川工法の施工

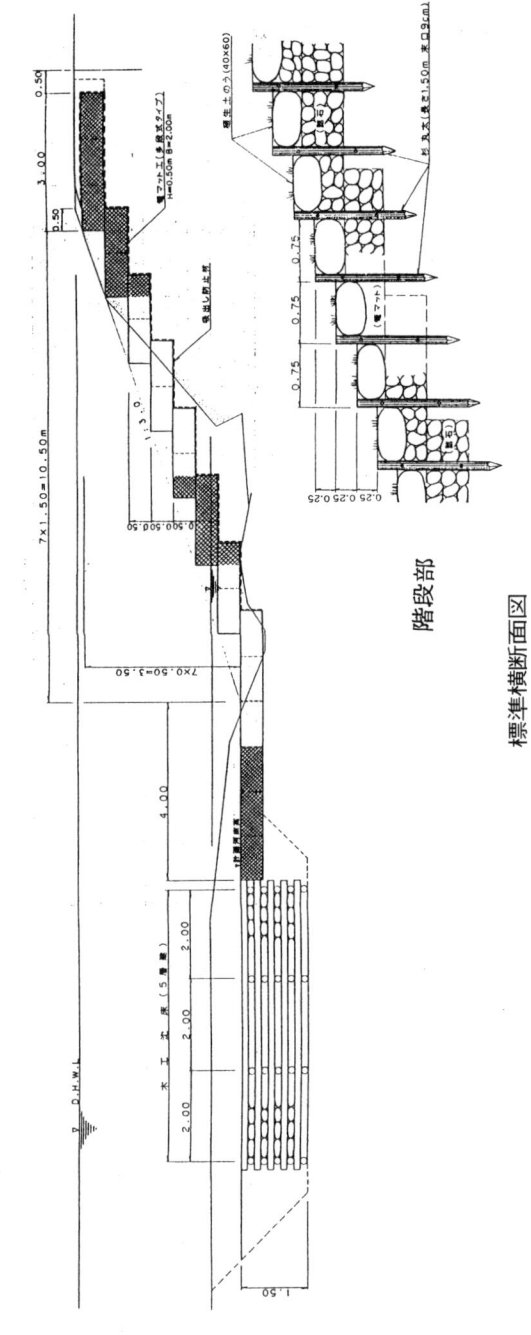

査定決定

標準横断面図

委員会検討結果

標準横断面図

階段部

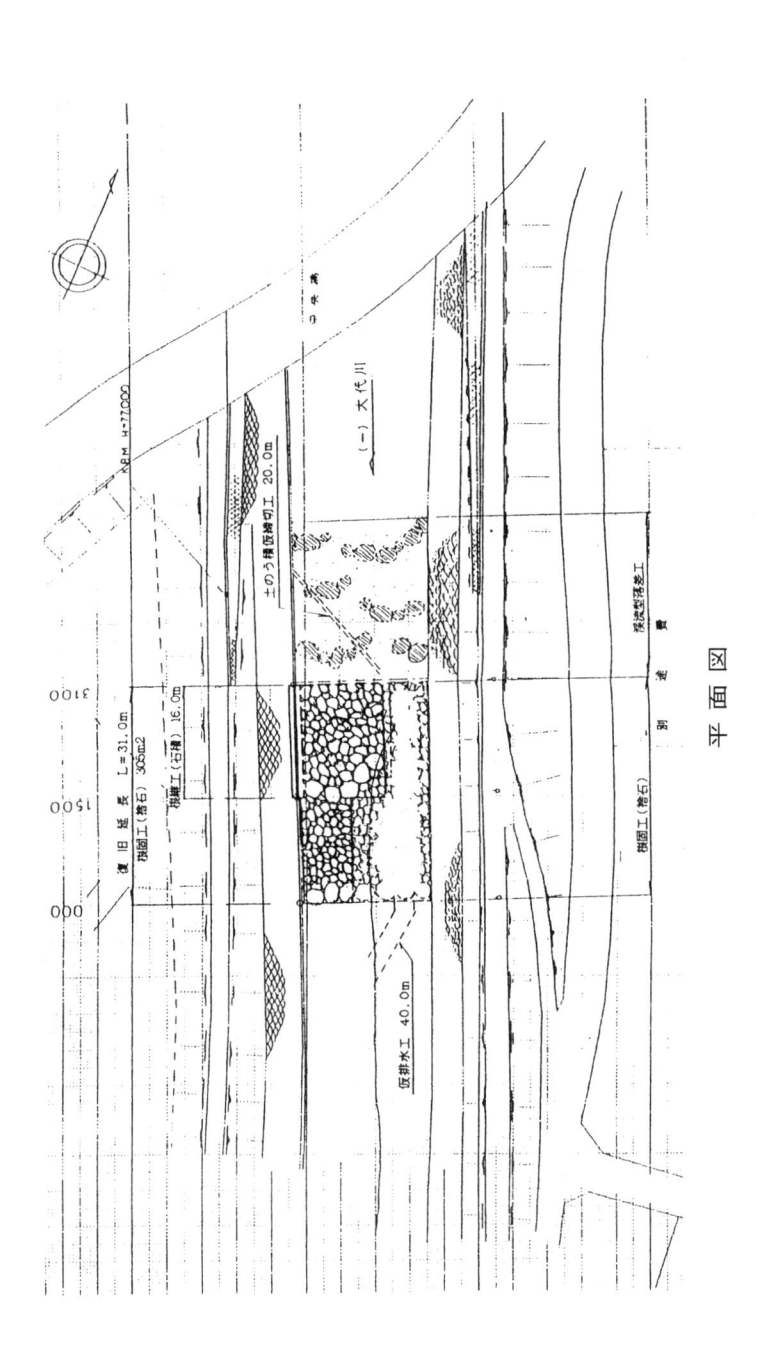

平 面 図

84　第1章　伝統的河川工法の施工

■施工方法■
　施工前に設計書図面をもとに実際に作業する「木工沈床建て方衆」と打ち合わせを行った。
　大井川の「木工沈床建て方衆」が使う木工沈床の方格材の名称は下図のとおり。

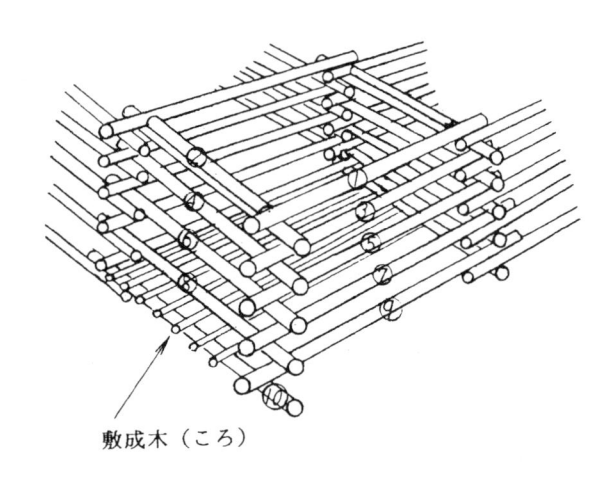

敷成木（ころ）

　また、木工沈床の角の部分を「よつや」と呼ぶ。

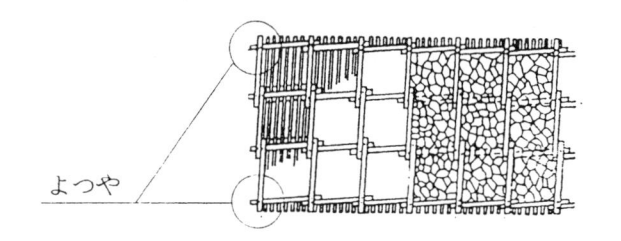

よつや

「木工沈床建て方衆」との確認事項および変更事項は次のとおり。
① 水の流れに対する木工沈床の設置方向について、当初設計では、木工沈床の構造上最も激しく洪水にさらされる河側の方格材が流水に逆らう構造（「さかばら」と呼ぶ）となっているため、端部が流向方向（上流）に対して、できるだけ抵抗の少ない形状（「ほんばら」と呼ぶ）に組み変える。

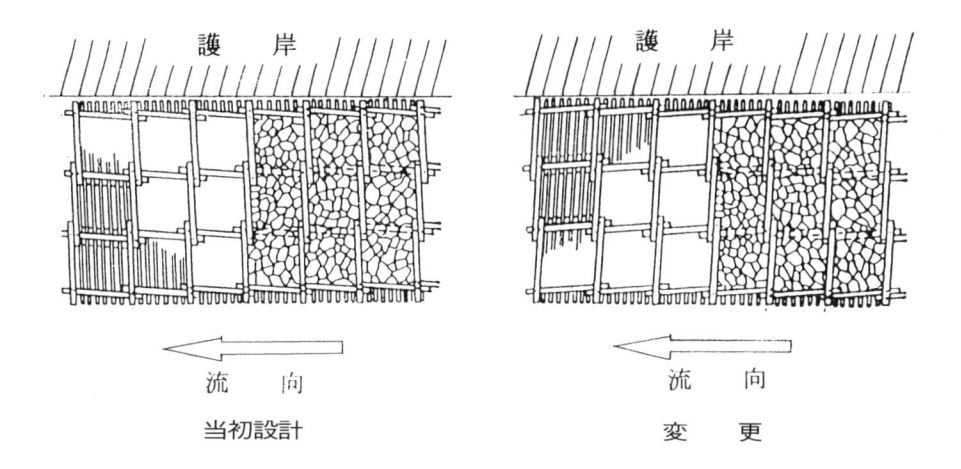

木工沈床の施工

当初設計　　　　　　　　　　変　更

② また、当初設計は図のとおり一本の方格材に対し、2つの穴を並列してあけることになっていたが、これを一本の方格材に対して鉄筋を通す穴はすべて2本と改める。これは、組立前に穴あけの作業が可能であるという理由と強度的に弱点となる穴を少なくする理由による。ただし「よつや」のところだけ穴の間隔を詰める。16mmの鉄筋に対して穴の大ささは24mmとして、方格枠そのものに変形に追従できるよう余裕を持たせる。

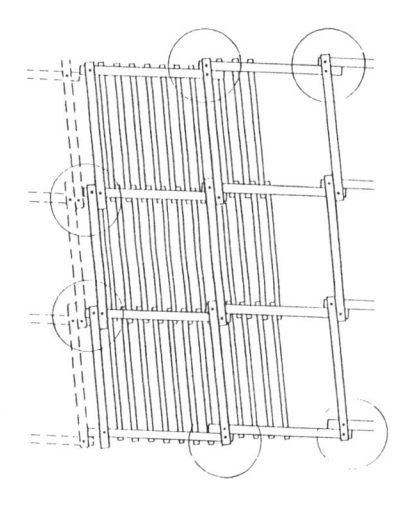

当初設計 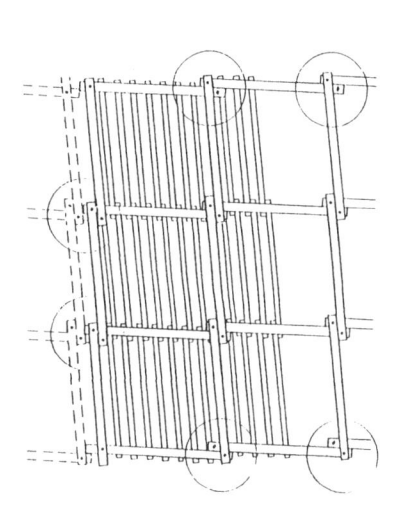　　　　　　　　　　変　更

③ 当初設計は木工沈床の1ブロックの延長は10mであった。木工沈床は1ブロックとして100m以上連続施工も可能である。しかし、施工中の出水、完成後の維持管理および破損した場合の補修用作業の縁切り、施工実績（弁財天川は40m）、コンクリート護岸の施工目地間隔（一般的に20m）、経済性を考慮し、1ブロックの長さを10mから30mに変更した。

④ 方格材の長さは当初設計は2.4mであったが、大井川では昔から2.6mで施工しているので2.6mに変更した。同様に、敷成木の長さも2.3mから2.5mに変更した。また、敷成木は5寸釘で方格材に止める。

⑤ 当初、木工沈床には玉石だけを詰める設計になっていたが、洪水による詰石の流失防止と玉石の保護のため留め木を計上し、上部を張石工とした。この留め木の長さは、1.8mとし、留め木1本につき2本のボルトで方格材にとめる。その他、上部に敷成木のように蓋をする場合とコンクリートブロックを入れる場合がある。

⑥ 設計は木工沈床を5層建としていたが、大井川では4層建、5層建が多く、かつよく目的を達したことから、設計どおり5層建とした。

⑦ 鉄筋を折る向きは指定していないが、水の流れに対して下流側に曲げる方法、方格材の木の向きに曲げる方法があるが、今回は箱の内側に折ることにした（下図左）。

⑧ 方格材の設置方向は指定していないが、すべて流水に対する抵抗が著しい方を方格材の太い方、つまり流水と平行する方格材は元口が上流、流水と直行する方格材は元口が護岸側となるようにする（下図右）。

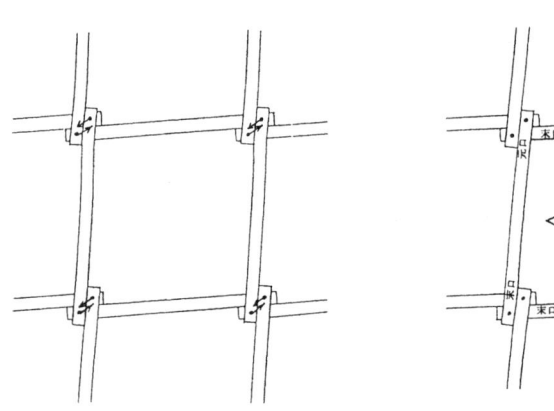

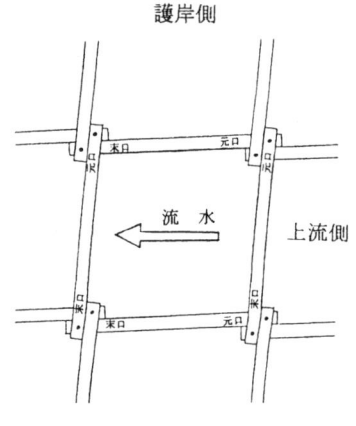

木工沈床の施工　*87*

■施工手順■
◆部材の加工
① 木　取

　方格材の端部を15cmにそろえるため上下を削る。方格材は天然の杉丸太のため、径が不ぞろいなので高さを15cmに統一し、組立時の歪みを少なくする。また、巾についても片側を削り、組立時の合わせ目（あたり）に隙間ができないようにする。

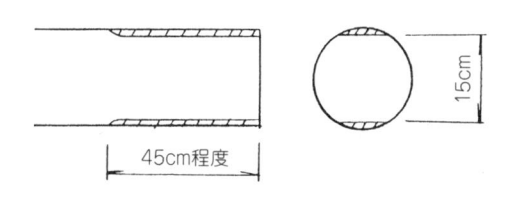

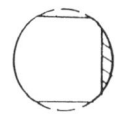

② 穴あけ

　2.2m間隔で鉄筋を通す穴をドリルであける。ただし、端部（よつや）に当たる方格材については、ころ下の方向をそろえるために2.1m間隔とする。

◆鉄筋の加工

◆1層目の組立
① 「ころ下」を並べ、鉄筋を穴に通す。

② 鉄筋をおこしながら「ころ脇」を鉄筋に通して組み立てる。

木工沈床の施工　91

◆ころ（敷成木）の施工
① 敷成木を「ころ上」の上に1格間当り7本ずつ並べる。

敷成木（ころ）の並べ方で注意すべき点は、右図のように2列目の格間には細めの木を使用することと、1列、3列目は内側に末口、外側に元口となるようにする。内側を元口とすると重なるので入らない場合があり、敷成木（ころ）を削らなければならないが、外側は重ならないので外側を元口にする。

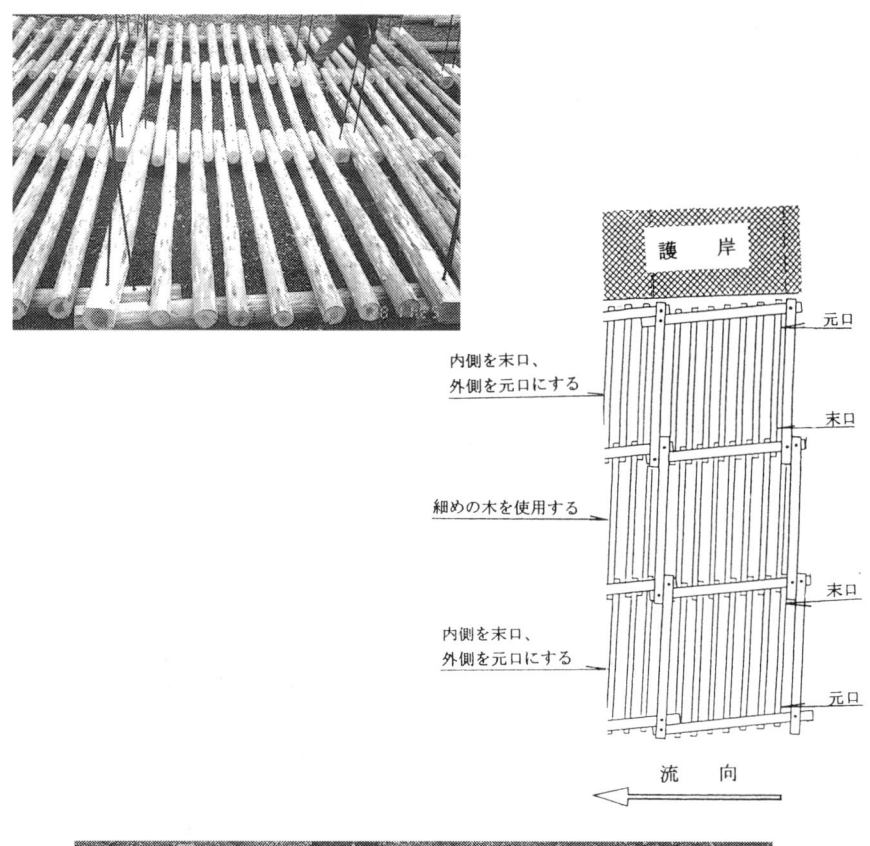

敷成木を並べた時に、太い敷成木については「おの」で削り高さをそろえる。

② 敷成木を5寸釘で「ころ下」と連結する。「昔は番線で連結する方法と5寸釘で連結する方法があったが、5寸釘の方が耐久性があるという実績から5寸釘の方がよく使われるようになった。」という「建て方衆」の話に基づき今回も5寸釘を使用した。

♦2層目の組立

① 「ころおさえ」を鉄筋に通す。

② 「悪太郎」を鉄筋に通す。

♦3〜4層組立

2層目と同様、悪太郎を鉄筋に通して4層目まで組立てる。

◆敷成木（ころ）下の土砂投入

① バックホーにより土石を投入する。

② 人力により投入した土砂を敷き均す。

木工沈床の施工　97

♦5層目組立

化粧木を鉄筋に通し、鉄筋を折り曲げる。

♦詰石投入

① バックホーにより詰石を投入する。

② 側面の詰石を方格材からこぼれないように人力で並べる。

木工沈床の施工　99

◆留め木の取り付け
① 方格材に穴をあける。

② ボルトを「留め木」、「方格材」の穴に通して「留め木」を「方格材」に取り付ける。

③ ボルト、ナットを締めつける。

◆石張工の施工

① 詰石は木工沈床天端から30cm下がりの高さで敷並べる。

② 間詰として砂利を投入し、敷き均しを行なう。

③ 天端張石として控30cmの野面石を使用する。野面石はバックホーで投入し、人力で野面石を並べる。

◆木工沈床完成

■考　察■

　木工沈床は、木を組み立てた構造で河床の変動に対して、追従する構造となっている。「木工沈床建方衆」の話では平面形のみの変形ではなく、流水に対して直行方向への横断的変形にも追従するという。これは、日本の木造建築が釘を多用しない柔構造になっているため、地震や地盤変更に対して過去に耐えてきたと同様、木工沈床が変形や移動に対して屈撓性に余裕のある構造となっているためで、たとえば、方格材をとめる鉄筋は5分(16mm)の径に対して通す穴は8分(24mm)であること、「木工沈床建方衆」が「わらい」と呼ぶ方格材の隙間があることなどによる。そこで、木工沈床は河床以下に設置するために、水制工のように対岸に与える影響は少ないと考えられるが、完成後は目視により木工沈床の変形、上下流の河床変動を観測する。

　木工沈床の方格材の寸法は、従来、大井川で施工されている寸法にならって今回も2.6mで施工したが、現在の杉丸太の購入の標準寸法は4mであるため、一本の方格材につき1.4mの余りが生じる。したがって、材料費が5割近くの割高になる。今後、この無駄をなくすために、木工沈床の方格材の寸法を材料の購入寸法に合わせ、4mまたは2mのもので木工沈床が出来るかどうか検討する必要がある。

　いずれにしても、自然の木材をすべて寸法、質、形状（曲がり）を規格どおり集めることは容易ではなく、質にバラツキのあることはある程度許容すべき問題と考える。その際、監督員、職人さん共々、少しでも良いものを作ろうとその材料の使い先を細かく吟味した。例えば、強度的に大事な一番下段の方格材には太めのものを、見た目に美しさを要求される一番上段の方角材には曲がりの少ない整ったものを用いた。また、強度上も見かけ上もほとんど影響のない敷成木は、多少質の悪いものも許容したとされる。このように、材料に対するきめ細かい使い分けも、質の均一のものに慣れてしまった私達にとっては、ともすれば忘れがちな大事なことと思う。

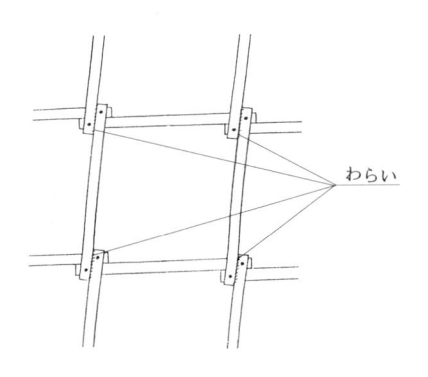

木工沈床建て方衆

　この施工に携わったのは、前に紹介した大・中聖牛の建て方衆4名と小野勝弘さん、曽根たつみさん、加藤かんさんを加えた7人である。このように正統な技を継承してきた「川の匠」がいてくれたからこそ、大井川固有の伝統工法を蘇らせることができたのであった。それでも、材料の選定一つとっても全て職人衆らの頭の中にある図面と手足を道具とした「カン」が頼りであった。ただ実際に組み立てることで、多少なりともその「カン」を具体化的に図面に記録することができた。

　そこで、濁流渦巻く洪水の中、生命を賭してまでその職人の誇りをもち続け、生涯の過半を地先防水に奉げている人々、あるいはまた奉げ尽くした無名の人々にまずは敬意を表したい。そして、ここに顕彰することができたことが、何にも増しての喜びであった。それでも、たとえ資料が残せたとしてもこの伝統的河川工法の技と思想を次の世代に伝承できる人々の養成を怠れば、やがてはまた途切れてしまうだろう。そのためにも、河川管理者および土木事業に関わっている全ての人たちの治水に対する意識の改革が必要である。

　すなわち、わが国の河川は急峻な地形と気候的にみても大雨が降れば一気に増水しまう河川形状であり、すべての洪水を防ぐこと自体が無理であることを甘受すること。川

受章する「川の匠」（聖牛・木工沈床建て方衆）
平成6年5月31日：静岡県河川協会より表彰される。

は本来蛇行するものであり、制約はあるものの必要以上に流路を直線化せず、瀬と淵ができる河床構造を維持する。河岸は水中と陸地が連続するような隙間の多い水際とし、多様な生物の生息空間の形成を図る。水害防備林や河畔林などの植生を保全し、植栽できるところは積極的に樹木の植栽を図ると同時に、緑と自然の回廊としてのビオトープネットワークを形成することで河川の潜在的な機能を見直すなど、川本来の姿を取り戻すことが重要であろう。

　平成5年、多くの反対する人々を押し切って、半ば独善的にはじめた伝統的河川工法の大聖牛、木工沈床であった。が、ありがたいことに、河川行政にはあまり賛意を示していなかった人々や一生に一度くらい損得抜きの仕事をしてみたいなどという建設業者、さらに先例を無視し、その情熱だけを買うといって採択してくれた行政官など、様々な支援を受けてこの仕事は成し遂げられた。そして、今ではこの大井川に造られた聖牛は、大聖牛65基、中聖牛6基の71基に及ぶまでになっている。

治山事業の新たな試み

■伝統的治山工法を引き継ぐ丸太積谷止工■

　丸太積谷止工は間伐材を利用した木製の治水ダムである。

　静岡県では、既存のコンクリート製砂防ダムの表面に間伐材を張り付けたり、新設ダムの型枠を工夫したりして、景観に配慮した工事が行われてきた。それをさらに一歩進めると同時に、間伐材の利用促進を一層図り、木材の品質を向上させる目的も兼ね合わせた木製の治山ダム工事を行っている。

　この木製ダムは昭和34、35年頃、静岡市井川に5ヶ所の施工例があるが、近年はすべてコンクリート製に変えられてきた。一般的に、木製ダムは耐久性に問題があるとされてきたが、井川の治山ダム（高さ9m、幅25m）は今も健在であり、青森県には大正5年に完成した青森ヒバを使用した治山ダムが現役で活躍している。

　工事費もヒノキを用いた場合でほぼコンクリートと同額であり、間伐材が近在で手に入れば20％ほどのコストダウンとなり、工事期間もコンクリート工事に比べ1～2ヶ月短縮できる。今林業は、人件費等のコストの問題で間伐が進まず山林は荒れ続けている。また、コンクリート製の治山ダムそのものが山の緑と異質のものであり、間伐材を利用した治山ダムならば山も本来の姿に戻り、ダム自体が緑に戻るのも早いだろう。

　平成12年に完成した静岡県大間鍋杭の治山ダムでは、沢に幅10m、高さ2.5mの井桁を組み、160本の間伐材を使用した。また、平成13年度には引き続き清水市宍原で堤高2.5m（全高4.5m）、幅23mの木製治山ダムを着工、完成させた。この丸太積谷止工には、杉の皮むき丸太材803本を用いている。

　こうした木製治山ダムでは、渓流の状況や気象条件などの制約もあり、県内で行われている年間400ヶ所あまりの治山ダムにうち、20％程度はこうした木製ダム工事の施工が可能という。

■丸太積谷止工（木製治山ダム）施工事例－Ｉ■

　工　事　名　　平成11年度県単治山工事
　場　　　所　　静岡県大間鍋杭
　工　　　期　　平成11年11月4日～同12年3月17日
　工　　　積　　丸太積谷止工1基

◆工法の緒言

使用木材	ヒノキの間伐材（φ20cm） 18.1m³	
延　長	10.0m	
堤　高	2.5m（全高3.5m）	
放水路幅	2.0m	
単価等	丸棒（φ200×4,000）	12,240円／本
	欠込・ボルト加工	748円（1ヶ所）
	設置手間（トラッククレーン4.8〜4.9t使用）	
		1,020円／m、32,464円／m³

◆工法の説明

　丸太材はヒノキの間伐材を直径20cmに丸棒加工（井川森林組合）した木材を使用し、1m間隔に木材を井桁に組み合わせていくものであり、組み合わせ部分にはあらかじめ加工場で欠込みとボルト穴を施しておく。現場ではトラッククレーンで組み合わせ、ボルトで固定するだけなので容易に施工可能である。

　床堀は、基本的に木材を平行に設置するためだけに行い、上下流方向の材が水平となる分だけを掘削する。両サイドの突っ込み部分は、木材が設置しやすいように階段状に掘削する。なお、床堀土砂は木製谷止工の中に土砂詰めとする。

　放水路部分は、1mほどひさし部分を設けて前面が破壊されないようにした。洗堀防止対策として、木工沈床8m²を下流に施工した。

◆コンクリートダムとの比較

　今回施工するダムと同じ施工効果を得られるコンクリートダムを施工すると堤高4.0m、幅1.2m、延長15.5m、体積84.9m³、工事費が約6百万円となり、若干安くなるが大差はない。

治山事業の新たな試み　　109

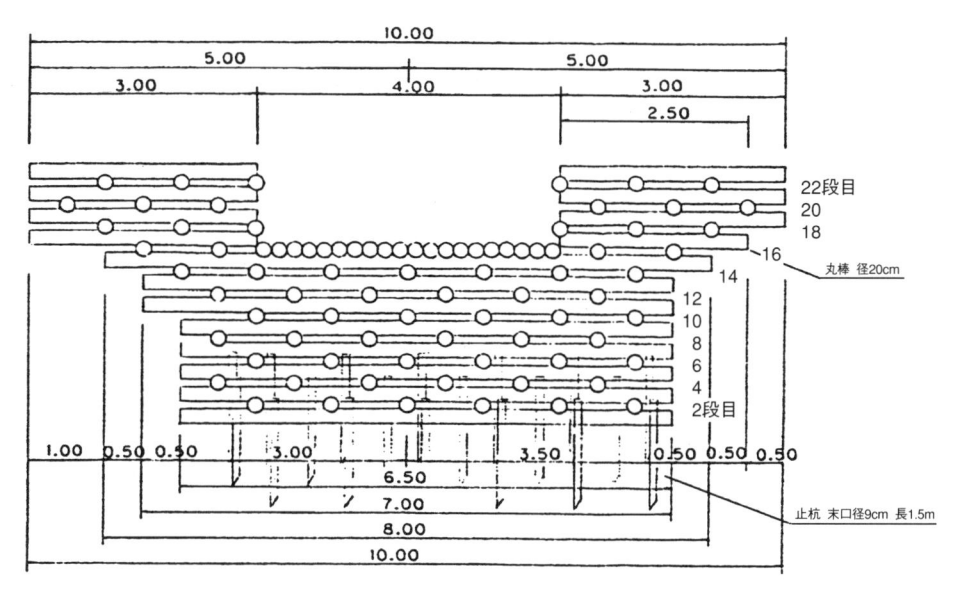

丸棒 径20cm

22段目
20
18
16
14
12
10
8
6
4
2段目

止杭 末口径9cm 長1.5m

正　面　図

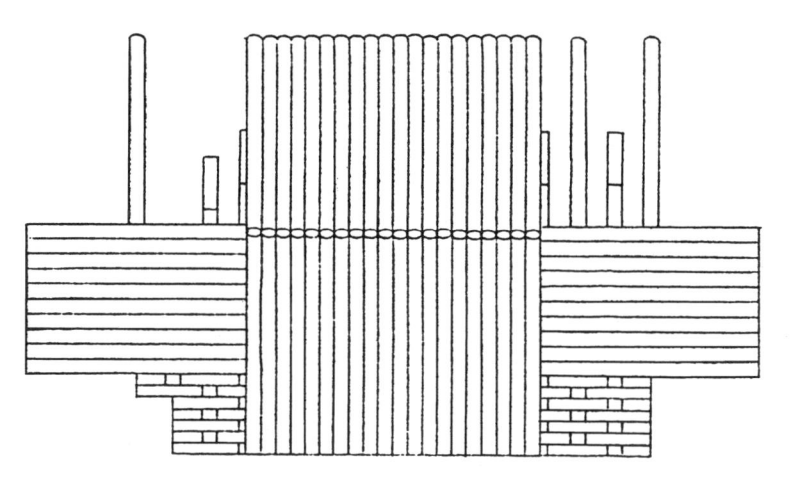

平　面　図

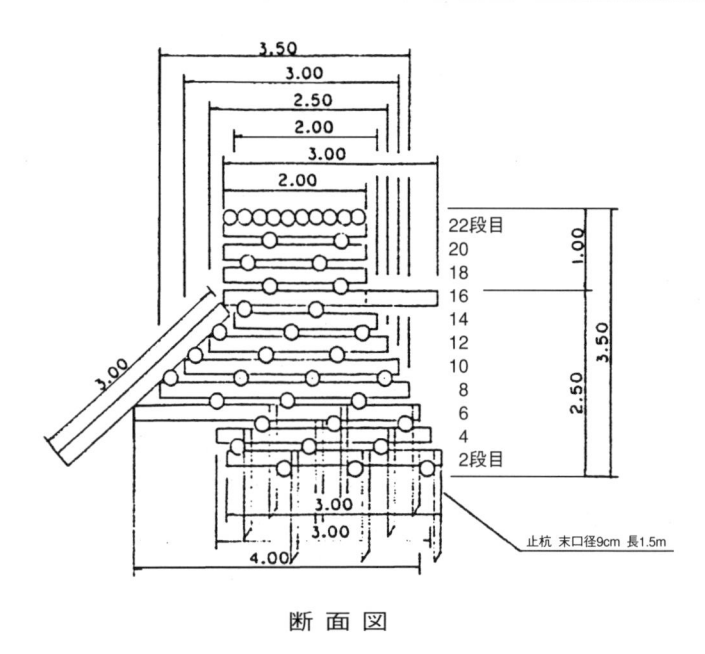

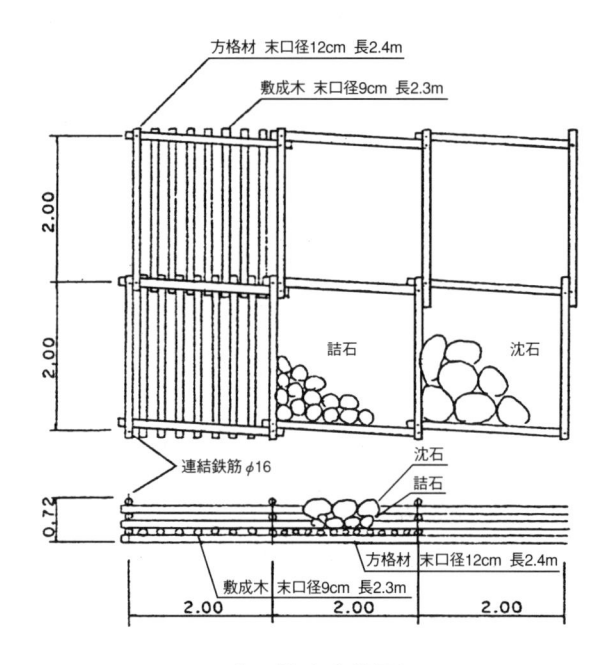

110　第1章　伝統的河川工法の施工

断　面　図

木工沈床定規図

◆施工例(静岡県)

木製治山ダム(静岡市大間鍋杭:平成12年度完成)

　谷止工の新設にあたっては、ヒノキの間伐材を積極的に利用した丸太積を採用し、より自然に配慮した景観を心掛ける。

県単治山・南沢工事(静岡市梅ヶ島南沢:平成11年度)

　既設床止工が洗掘されたため、根継になる補修の際、コンクリートと一体化する木製型枠を使用し、さらに、コンクリート部分を間伐材によって被覆している。

■丸太積谷止工（木製治山ダム）施工事例－II■

　　工　事　名　　平成12年度県単治山（県営）大久保工事
　　　　　　　　　清水市宍原（大久保）
　　工　　　期　　平成12年10月26日〜同13年2月28日
　　工　　　種　　丸太積谷止工　1基（材積　51.81㎥）

♦丸太積谷止工（木製治山ダム工）の緒言
　　使 用 木 材　　スギの皮むき丸太材（φ16〜18cm）51.81㎥
　　　　　　　　　803本（61.7㎥）
　　延　　　長　　23.0m
　　構造物体積　　158.3㎥
　　堤　　　高　　2.5m（全高4.0m）
　　放 水 路 幅　　2.0m
　　材料単価等
　　　・丸太だけの設置　　　　　　　　　　　　　　　6,646円／本
　　　　　材料費杉丸太（φ160〜180×3,000）　　　　2,860円／本
　　　　　設置手間（設置組立および玉切等現場加工）　3,786円／本
　　　・詰石（割詰石20cm内外）　　　　　　　　　　4,700円／㎥
　　　・丸太1本当たりの施工費（全体）　　　　　　　8,223円／本
　　　　丸太1㎥当たりの施工費（全体）　　　　　　127,454円／㎥
　　　（木工沈床を含まない施工費で計算　　施工費＝6,603,400円）
　　　　　上記の施工費は丸太材、割詰石等の材料および、施工手間、運搬費の全
　　　　てを含んだ経費について、割り戻した場合の経費。

♦今年度の目的
　平成11年度においては、直径20cmに丸棒加工したヒノキの間伐材を使用した丸太積谷止工を静岡市大間（鍋杭）に1基施工し、工事の施工が可能であることが分かった。
　今年度は前年度の施工例を生かし、材料をより安く、現地産の立木の使用に近づけるよう現地加工での施工を行う。
　　　・現地産立木を使用しての施工（資材運搬等の仮設費等の経費減）
　　　・工期の短縮（応急工事への適応、短期間での施工が可）

- コスト縮減(改良を加えればコンクリート谷止工に比較して11％の経費減)
- 環境との調和(木材は環境に優しく、自然還元型の資材)

前年度との比較

	H11年度	H12年度	
材　　料	ヒノキ丸棒加工材	杉丸太(皮むき)材	
末　口　径	φ200	φ160～180	
防　腐　加　工	有り	無し	
丸　太　材　費	11,230円／本	2,860円／本	
設　置　組　立	3,081円／本	3,786円／本	13.33本／m³
中　詰　材	現地山土砂　　0円	割詰石(内20cm外) 451千円 (95.9m³)	
トータルコスト	183,778円／m³	127,454円／m³	30.6％縮減

◆従来のコンクリート谷止工との直接工事費での比較

　従来のコンクリート谷止工との直接工事費での比較を行った結果、前年度の木製谷止工に比べ丸太材は安くなったものの、中詰材を現地産土砂から割詰石にしたため、今年度の木製谷止工は10.7％コンクリート谷止工よりも高くなってしまった。

　今後の改良点として、中詰材として使う割詰石は水の流れる放水路部分だけとして、袖部は現地産土砂を使うようにすれば、コンクリート谷止工の95.4％で施工できることがわかった。

① 設計条件
- 仮設費　　　ケーブルクレーン施設架設・撤去　　1式
- 運搬費　　　土工機械分解組立　　　　　　　　　2回
- 資材運搬　　ケーブルクレーン運搬
- 打設方法　　ケーブルクレーン打設

	コンクリート谷止工	木製谷止工	改良木製谷止工
延　　　長	24.5m	23.0m	23.0m
構造物堆積	177.5m³	158.3m³	158.3m³
丸太材積		51.8m³	51.8m³
丸太本数		803本	803本
中詰（割詰石）		95.9m³	48.0m³
中詰（土砂）		0m³	47.9m³
直接工事費	9,201円	10,188円	8,781円
比　　　較	100	110.7	95.4

② 丸太設置組立歩掛

　なお、当初設計では木材の比重を0.8と考え歩掛りに反映したが、実際の施工を調査してみると木材の比重を0.5と考えた方が実際の施工時間と合うようである、なお、木材の玉切りおよび加工として、当初普通作業員を組み立て手間の50％を考えていたが、実際では25％となる見込みである。（なお、表は参考資料であり、歩係り等を規定するものではない。）

（10m³当り）

区　　分		コンクリート谷止工	木製谷止工	改良木製谷止工
土木一般世話役			1.6人	1.0人
普通作業員	設置組立		12.8人	8.0人
普通作業員	玉切・位置出し		6.4人	2.0人
普通作業員	ボルト穴あけ		6.7人	6.7人
トラッククレーン 4.8～4.9t			0.6日	0.6日
木材の比重			0.8	0.5
単価	1m³当り（1本当り）		50,356円（3,786円）	32,894円（2,473円）
比　　較			100	65.3

治山事業の新たな試み 115

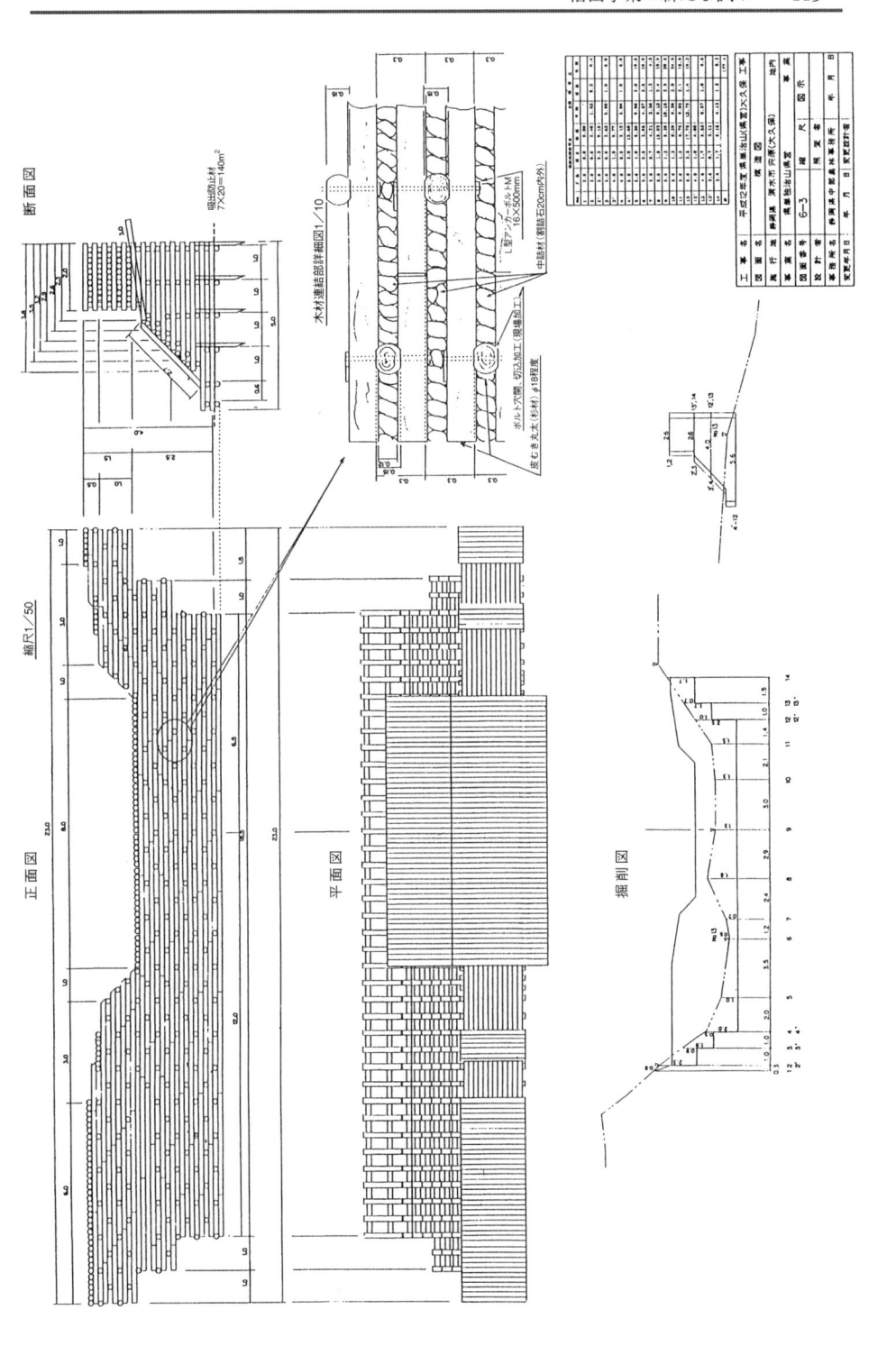

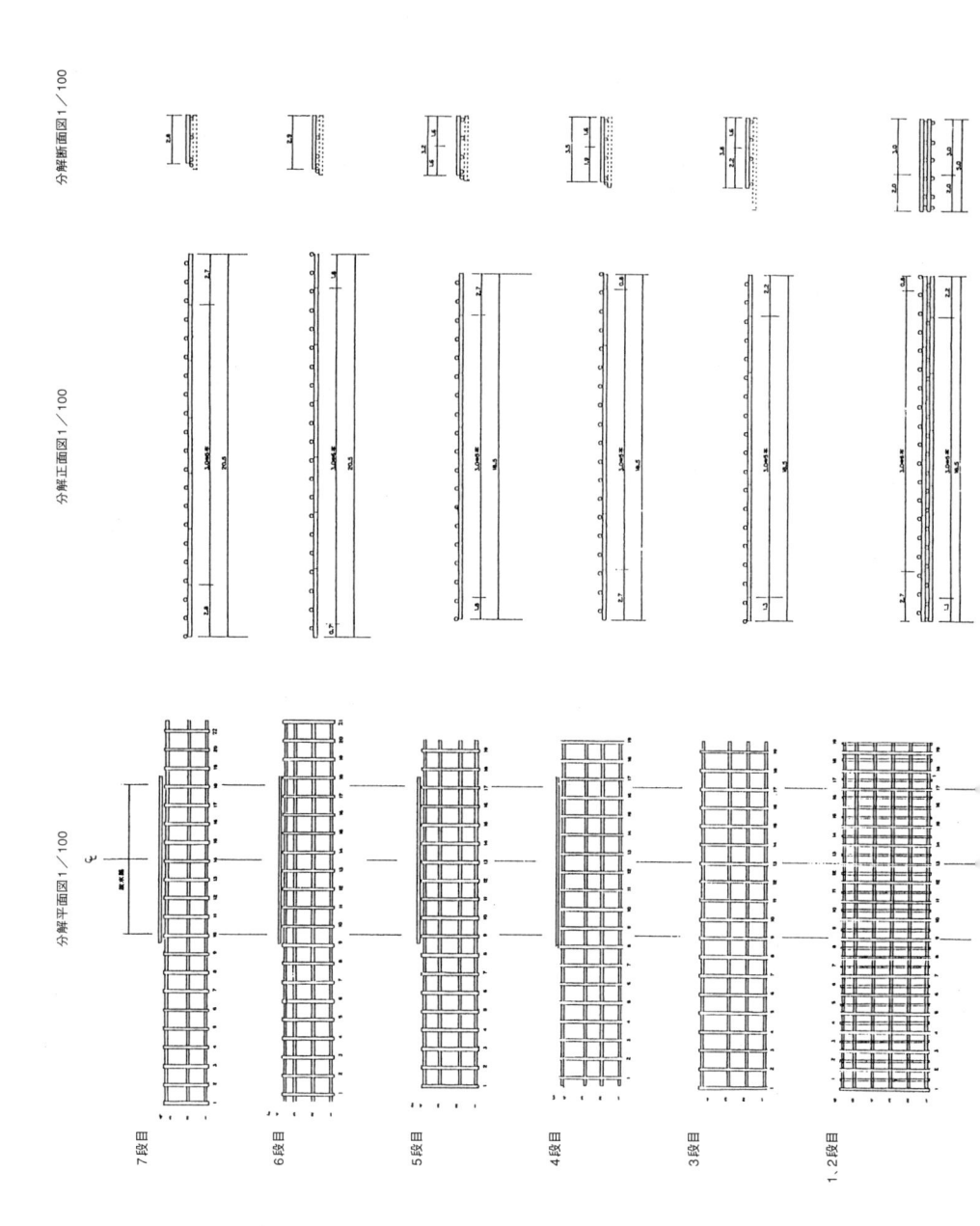

116　第1章　伝統的河川工法の施工

治山事業の新たな試み　*117*

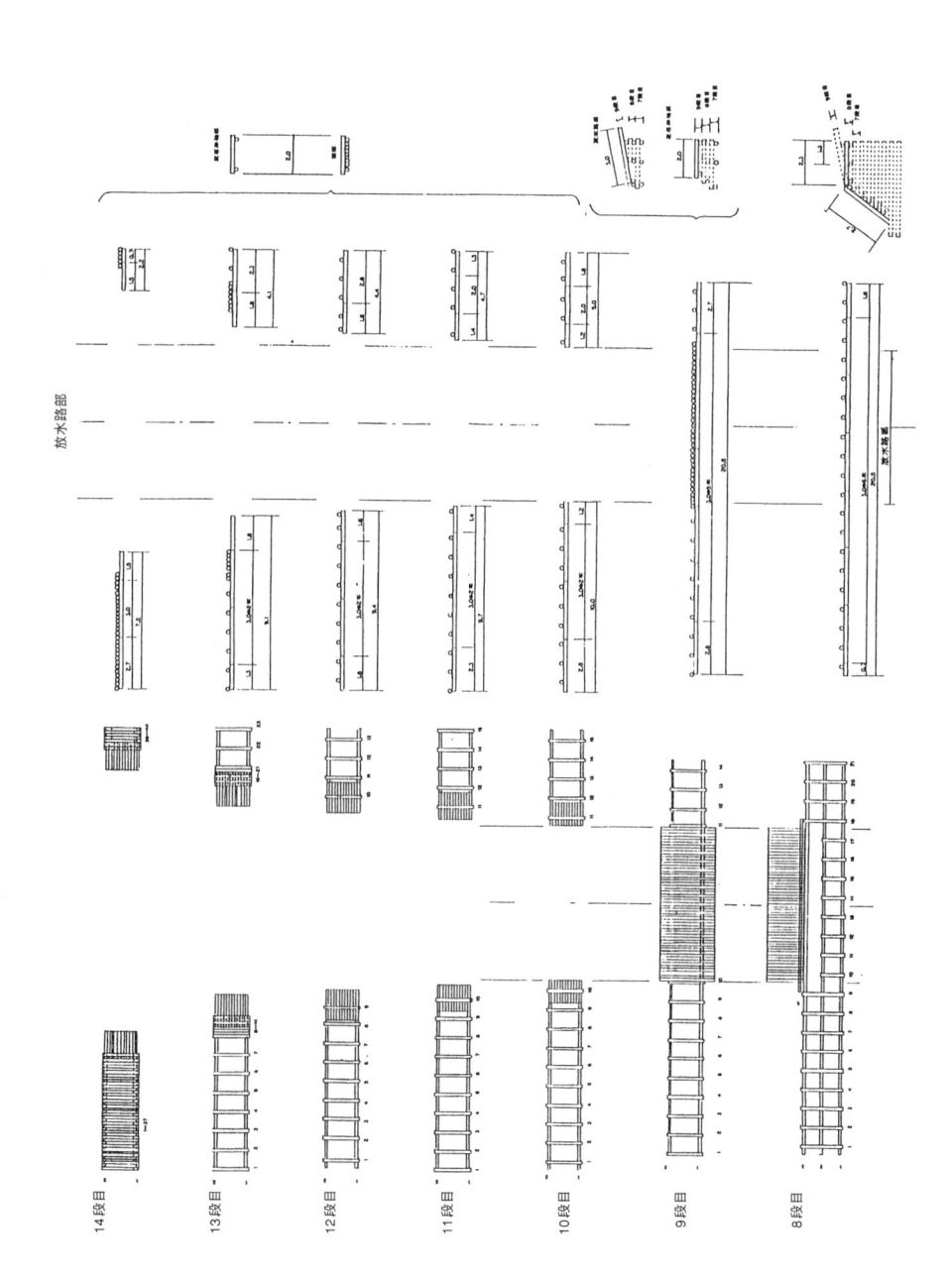

木製堰堤木材加工数量集計表

	上下流方向の長さ										左右岸方向の長さ															3.0m材	単位体積 m3/m	比重 t/m3	総延長 m	総材積 m3	総重量 t	構造物体積 m3	中詰割石 m3	ボルト層 箇所	杭本数 本
	3.0m	2.9m	2.7m	2.6m	2.3m	2.2m	2.0m	1.9m	1.6m	1.3m	3.0m	2.9m	2.8m	2.7m	2.3m	2.2m	2.0m	1.8m	1.6m	1.5m	1.4m	1.3m	1.2m	0.8m	0.7m										
14段目							44						2	2															99.4	2.49	1.992	9.5		22	
13段目							23		38				4	2	2							2							132.6	3.32	2.656			26	
12段目							13		19				4						20										79.2	1.98	1.584			26	
11段目							15		19				4	4	2						20	2							81.2	2.03	1.624	28.0		30	
10段目							15		19				4	2					20				20						79.2	1.98	1.584			30	
9段目	50						14			7			21					3											210.0	5.25	4.200			78	
8段目				13						8			18	3	3														110.8	2.77	2.216	24.6		72	
7段目			22										27					4											127.7	3.19	2.552			75	
6段目		21											23	4	4			4	20	1.5									151.9	3.80	3.040			93	
5段目									38				23	4				4											147.8	3.70	2.960			85	
4段目					4	19	19	19					20	4	4			35		10		4		-9					149.5	3.74	2.992	59.2		85	
3段目									22	-8			30	6	6			1.2	20	1.5									146.2	3.66	2.928			76	
2段目	19				4		19	19	34	16			217	9	21		4	15	10	10	20	14	40	-20	-9				206.5	5.15	4.120	37.0		114	
1段目	19				13		19	19	76	0			217	9	21		4	35	20	10	0	28	0	20	0				206.5	5.15	4.120			114	
背面部	3		50																		-14								144.0	3.60	2.880			25	76
計	91	21	50	22	19	19	162	162	19	9				9			4	1.2	10		10	0	40	-20	-9	803		0.8	2,071.5	51.81	41.448	158.300	95.8	951	76
余り材m				0.7	0.8		1.0	1.1	1.4																										
運用数量1					9		10		20																										
流盤数量2									22	-8																									
残数量					4		9		32	16			217																						
必要数量	91	21	50	22	13	19	162	162	19	0			217	9	21		4	35	20	10	10	0	40	-20	-9										

中詰量 = (構造物体積 − 総材積) * 90%

治山事業の新たな試み　*119*

準 備 工
先例が少なく、参考図書と首っ引きで材料を刻む。

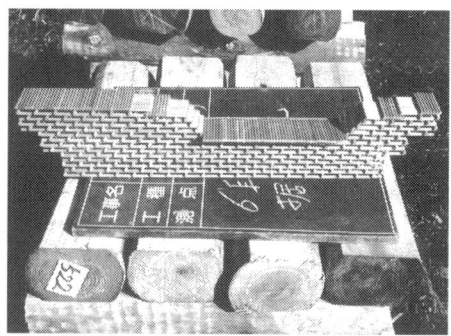

木材を刻むのは、全くの大仕事である。大きな間違いをしないために模型をつくって参考にする。

施工状況

水通し部分の施工

砂防ダムにおける施工例
丸太組みに材料はすべて地元産カラマツの間伐材（岩手県西根町：焼走り砂防ダム）

治山事業の新たな試み　*121*

現地研修

静岡県下の治山技術者を集め、施工計画の改善など多くの人々の智恵を結集する。

水叩部（木工沈床）の完成

丸太積谷止工完成

全体治山工事完成

【参　考】

　間伐材を活用した木製治山ダムの施工について、その担当者のひとり、野地琢磨氏へのインタビュー記事（月刊建設DATA No.179）を参考資料として掲載する。

間伐材を利用した環境に優しい自然還元型のダム

　間伐材の利用は全国的に望まれているが、腐朽しやすい木材を利用した土木構造物は全国的にみても事例が少ない。1999年度、2000年度に各1基づつ県単独治山事業で木製治山ダムの施工を担当した県農林水産部林地保全室の野地琢磨さんに、木製治山ダムの特長や施工性、今後の普及のための課題などについて聞いた。

　――これまでに施工した木製治山ダムの概要からお聞かせ下さい。
　1999年度は1基の施工ということで試行錯誤を繰り返しながらの施工でした。まず、木材は大きさも不均衡でばらつきがあり、組立てにおいてもコンクリートのようにしっかり施工できないとの考えや精度を出すために、直径200mmに丸棒加工したヒノキの間伐材を使用した治山ダムを施工しました。この結果から木製の治山ダムの施工が可能であることが分かりました。
　2000年度は1基目の施工例を活かして材料をより安く、現地産の立木の使用に近づけるように現地産加工のスギの皮むき丸太での施工を行いました。
　直径200mmのヒノキは1本で1万1230円しましたが、2000年度に施工した治山ダムの木材は流通の多い直径160〜180mmのスギの皮むき丸太を使いました。これは1本当たり2860円とヒノキと比べ4分の1になります。また、1基目は現地で発生している土砂を中詰材に使いましたが、2基目は詰割石を購入して施工したので、トータル的には1立方mあたり1基目が18万3778円、2基目は12万7454円でした。
　――木製治山ダム施工のきっかけやヒントはありましたか。
　木製治山ダム施工のきっかけは、静岡市内の井川で治山施設の点検をしていた時に、コンクリート谷止工の上流に山腹が崩れかけていた山腹工事の跡地がありました。普通であれば崩れてもおかしくない状況でしたが、応急的な工事として山腹工の下流に施工業者が現場整備として施工してくれた、現場発生の支障立木を利用した丸太5、6本で組み合わさっただけの谷止工がありました。そこに土砂が堆積し、抑え盛土的な効果を発

揮して山腹の崩壊が免れているのを見たとき、たったこれだけの工夫で下流にあるコンクリートの治山ダムよりも機能していて、妙に自然に逆らわずうまく自然の力を利用していると思ったことが、木製の治山ダムを施工してみようと思ったヒントです。

　また、林野庁や県の方針として、森林の適正な管理のために間伐材を使うように指導もありましたし、公共事業のコスト縮減を図る指導などもありましたので、安い間伐材を公共事業に使えばコストも下がりますし、なおかつ間伐の推進も図ることができるのではと思いました。

昭和初期の木製構造物が機能
―― 参考にした木製ダムなどはありましたか。

　本製の構造物を探したところ、本県には静岡市井川の奥に昭和初期に施工された高さ10mほどの堰堤があり、今も十分に機能していますし、青森県には大正5年に施工されたヒバ材を利用した堰堤も機能しています。また、木製の土木構造物の施工は全国的に見てもここ1、2年でかなりの広がりを見せています。

　私は静岡市井川のダムを視察しましたが、高さ10mもある構造物で、組み方は針金、鎹（かすがい）、ボルトを利用していました。針金には錆びが出たり、鎹は緩んで抜けていた個所もありましたが、ボルトで組まれた個所は木が腐ってすかすかになった状態でもしっかり組み合わさっていたので、今回施工した2ヶ所の木製治山ダムにはボルトを採用しています。

施工には大工の知恵と技術も
―― 検討事項や問題点はありましたか。

　2件とも県単独事業で施工を実施しました。ダムの施工にあたっては、施工地の地主の理解が必要です。2000年度に施工した地域には2ヶ所のダム建設がありましたが、それぞれの地主に木製の治山ダムを施工させてもらいたいとお願いしましたが、1ヶ所については地主の要望もありコンクリート製で施工しました。まだコンクリートの信頼性が高いと感じました。また、設計図書については事例がないので図面を描くのに困りました。

　本製ダムは木材の組み合わせになりますから、プラモデルの設計図のようなものになります。今回は一段づつ分解組立図を描きました。施工者も初めてやる工法で、図面を見ただけでは組立て方が分からず、1基目の現場では大工を呼んで施工しました。これ

が好結果で順調に施工が進みました。

丸太の組み合わせ方についても、丸太の丸みを利用した組み立てを要望していましたが、これも要望通りに大工の方々が墨出しをしながら均等に施工してくれています。この木製ダムの施工にあたっては、彼等大工の知恵が大分入っています。私自身も施工面でも分からない面が多くあり、施工者から教えてもらった部分もかなりありました。また、はっきりとした歩掛りや施工管理基準がないので基準を作る必要がありましたが、今回は林野庁の基準を参考にして施工しました。

1999年度に完成した鍋杭（静岡市大間）

資材を工夫すればコスト縮減

——コンクリートダムと比較して施工性、コスト面、耐久性などはどうですか。

施工性は良いと感じています。特に床掘りについては、コンクリートの場合は4、5日はかかりますが、木製は床掘の土量が少なくて済むため1日で完了します。コンクリートダムは重力式なので、基礎地盤をしっかりと造っておかないとなりません。基準では1.5mを掘ることになっていますが、木製はフレキシブルで基盤を平らに均す程度で、掘削も50cm程度で済みます。しかし、洗掘防止の意味から木工による沈床工を施工しています。

また、工期も実質的には1ヶ月ほどで完成できます。コンクリートは養生など天候に左右されることがありますが、木製は天候の影響は少ないようです。このことからも応急工事にも採用できると感じました。

コスト面は、同規模のコンクリート製ダムと比較すると、現段階では10％ほど高くなりましたが、今後、中詰石に現地材を使ったり、量など工夫すればコンクリートに比べて5％ほどは安くなると感じています。また、歩掛りについては、施工をビデオで記録

2000年度に完成した大久保（清水市穴原）

していますので、後日まとめる予定です。

耐久性は、林業技術センターと協力して試験を進めています。この耐久性指針ができれば、例えば施工時に直径200mmの丸太を使ったが、この丸太が腐って直径100mmになるまでに何年かかったとか、直径何ミリまでなら機能が維持できるかなどが分かれば、200mmのものを使えば何年、150mmならば何年だというデータになります。しかし、事例としては井川に昭和初期の木製ダム存在していることや、青森県には大正時代のものが機能している事実があります。これらも先人たちが残してくれた貴重なデータの一つです。

木材は循環利用が可能な資材
―― 耐久性の問題ですが、木材は腐りますがどのように考えていますか。

腐ってもいいのではないかと思っています。木材は腐朽しやすいという性質から構造物の材料としてコンクリートや鋼材に変わっています。しかし、治山事業を考えた場合、本来は荒廃した山を復旧し、緑豊かな森林を造ることであり、植栽した苗木が育ち荒廃渓流や山腹崩壊地が緑化するまでの間、土壌の移動などを防止すれば機能的には十分であり、自然に還るという木材は循環利用が可能な資材だと思います。逆に永久的に残るコンクリートの構造物は、本来の森林には不似合いだと私自身は感じています。

―― 木製治山ダムの課題と今後の方向性は。

　木製構造物の施工歩掛りの確立や機能を維持させるためには、メンテナンスを考えていかなくてはならないと感じています。腐朽しやすい木材を使用していますから、メンテナンスは不可欠です。また、今後はコストやメンテナンス面などを踏まえて、より安く、よりシンプルをテーマに考えています。例としては、原点に戻って私が井川で見た、ただ木材を組み合わせただけで機能するようなものにもって行きたいと考えています。

　また、治山事業を担当していますが、現在はコンクリートの構造物で災害から守ろうと考えています。しかし、山は森林で守られています。よりよい健全な森林を育てるために治山ダムは補助的にあることをPRして、より強い森林を育てることを目的にしていきたいと思っています。森林の機能はいろいろあります。治山事業を担当して分かったことでもあるし、森林の機能について今後は、一般の方にも分かってもらえるようにしていきたいと思っています。

　　　　　　　本稿は、「月刊建設DATA、No.179、4月号、
　　　　　　　　　（株）建通新聞社静岡支社発行」より、同社の承諾を得て転載した。

第2章　伝統的河川工法の検証

大聖牛設置の追跡調査－Ⅰ

■調査実施の趣旨■

　河川改修という事業を実施するにあたって、最も重要な課題が『治水』であることは言うまでもない。河川沿川の住民にとって、安全な生活を保障することは他の何よりも大切であろう。しかし、河川管理者は、あまりにもそれを重要視するがため、ややもすると、どこを重点的に治めるべきかという治水上のプライオリティを考えに入れずに、どこもかしこもコンクリート化というような、あまりにも偏った対応をしてしまっている場合がある。このような傾向への反省から生まれた考え方が『多自然型川づくり』である。ただし、これは何も新しい概念を導入したものではなく、いってみれば治水上重要な箇所は固く強く、そうでない所は柔らかく水を受ける工夫をし、動植物にとって重要な"水際"という生活空間を治水上支障のない範囲で残そうとする考え方である。

　本稿でとり上げた大井川は日本でも有数の急流河川である。このような河川で多自然型川づくりを実践するにあたって最も重要な課題は、急流大井川の持つ流速をいかに静めるかであった。大井川には古来より多種多様な水制が実施され、それぞれの効用を果たしてきたが、その中で最も幅広く実施されてきたのが『聖牛』という丸太と蛇籠で作られた三角錘の水制である。この大聖牛および中聖牛を大井川の静岡県榛原郡本川根町千頭と島田市鍋島に設置し、様々な観点から検証することとした。なお、大聖牛等の組み立て方法は、同榛原郡金谷町在住の職人方から指導してもらった。

　これら大聖牛の安全性および効果については、建て方衆らの経験から、ある程度の確信はもっていたが、以下に示すようないくつかの疑問点があった。

① 聖牛は流失しないか：職人方の話によれば、聖牛は河床下に沈むことはあっても流されることはなかったという。

② 聖牛の効力および耐久性：杉丸太および蛇籠という材料で十分な効力および耐久性を有するか。

③ 聖牛の効果：聖牛の背後にどの程度の静穏域ができ、そしてその効果はどのようなものか。また、聖牛と共に併設した柳技工と聖牛の上流に形成されたワンドまがいの凹地についても考察する。

本稿はこれらについての具体的な検証である。

なお、この検証は「ビオトープ大井川」研究グループ（原　隆一・山田靖夫・松村有二・三上智之・沢野和隆・塚本秀明）の研究資料による。

大聖牛水制工の施工状況（追跡調査箇所）
大井川右岸：静岡県本川根町千頭

■研究成果の概要■

◆大聖牛等の設置状況

① 大聖牛等の設置の目的

　平成3年9月18日～19日の台風18号の北上に伴う秋雨前線性の大雨により、大井川上流部の本川根町の中心市街地である大井川鉄道千頭駅前では、洪水が直接護岸に激突、越流し、商店街に甚大な被害をもたらした他、河岸の著しい浸食や護岸施設も損害を受けた。

　河川管理施設については、同年度の災害復旧工事で原形復旧を図ったが、再度の被害を防止するため低水護岸の前面に護岸水制として大聖牛等の配置し、水あたりを柔らかく受け止め、護岸施設を護るとともに河床への堆砂を期待した。

　また、聖牛の作り出す静穏域に柳技工を施工し、将来、生き物にやさしく自然に近い川への再生の足掛かりにもなり、かつコンクリート剥きだし護岸をカムフラージュし、多様で複雑な景観への変身を期待したものである。

② 聖牛の配置状況

　千頭駅前の河原L＝160mの間に大聖牛8基、中聖牛6基を配置した(図－1)。配置上

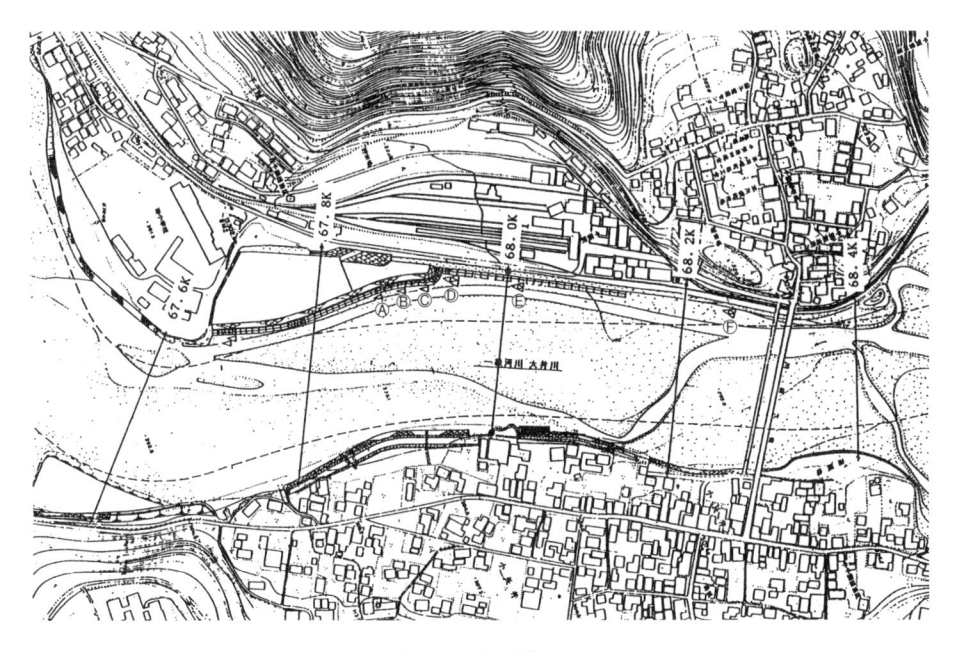

図－1　配置図

の考え方としては、基本的には3基1群で洪水に対抗するものとし、まず上流の6基（3基×2、Ⓔ、Ⓕ）は先鋒として洪水に向かい、洪水域を中心方向へ移動させようとするもので、中聖牛としたのは大聖牛ではあまりにも効果が大きいぎるため、対岸への影響を配慮したものである。その次の大聖牛群（3基、Ⓓ）は、洪水流が岸に最も近づいた時点で対抗するもので、いわばしんがりと言える。その他の大聖牛は各1基とし、主に浸食されている河床に堆砂を促すのが目的である。

◆調査方法
① 聖牛の挙動について
　洪水時に聖牛がどのような動きをするか、あるいは流失してしまうのかは重要な関心事である。洪水時の動きについては再現のしようもないので、今回は図－2に示すような箇所にピンを打ち、洪水前後の測量結果からその挙動を検証する。

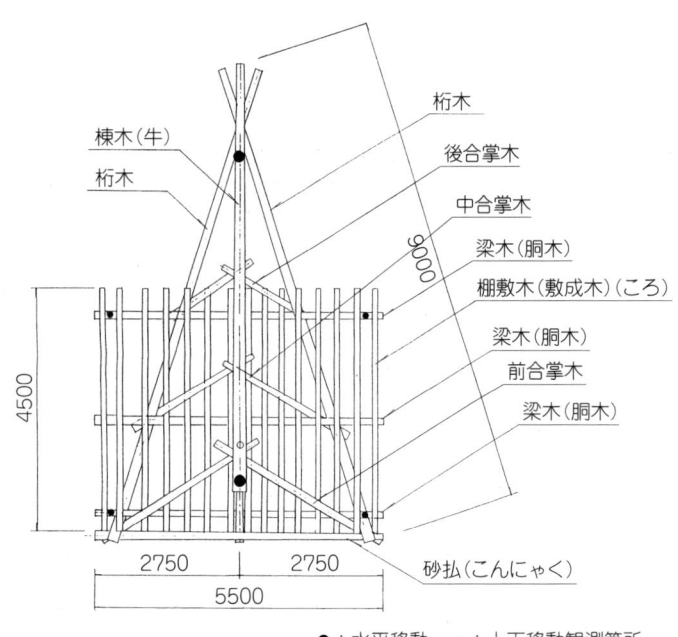

図－2

② 聖牛の効果について
a．写真による比較検証
　洪水前後の写真を比較することにより、河床の変動および聖牛への影響範囲などを検証する。
b．縦横断測量
- 聖牛近傍の測量結果から堆砂の状況を比較検証する。
- 毎年行なっている定期横断測量の地点で同様な横断測量を行ない、河床変動量を検証する。

◆調査対象洪水
　聖牛を設置してから平成7年1月までに、当地は二度の大きな出水を経験している。これらは聖牛の挙動およびその効果を判断するとき重要な事項であるので、これらがどの程度の出水であったか具体的に記述しておく。
　① 平成6年6月19日（日）〜平成6年6月20日（月）：梅雨前線性豪雨
　東海道沖に停滞した梅雨前線により19日の正午あたりから雨が降り始め、20日夜半までに本川根町雨量観測所で総雨量178mmを記録（図－3ａ）した。また、川根大橋での水位観測記録は最高水位2.5m（図－3ｂ）であった。同地点での洪水量の推定値として、寸又川ダムと大井川ダムの放流量の合計値を図－3ｃに示したが、最大放流量で220m^3/sであった。
　② 平成6年9月29日（木）〜平成6年9月30日（金）：台風26号
　台風26号の来襲により29日の夜半より雨が降り始め、30日朝までで総雨量239mm（時間雨量41mm、30日0時〜1時）を記録（図－4ａ）した。最高水位3.8m（30日3時）に達し、警戒水位3.3mを突破（図－4ｂ）した。なお、最大放流量は1,400m^3/s（図－4ｃ）であったが、平成6年6月の出水では聖牛の前後に多少の堆砂はあったものの聖牛自体はほとんど移動しておらず、その効果についても特記するほどではないので、後記の横断図にその堆砂状況を描くに止める。

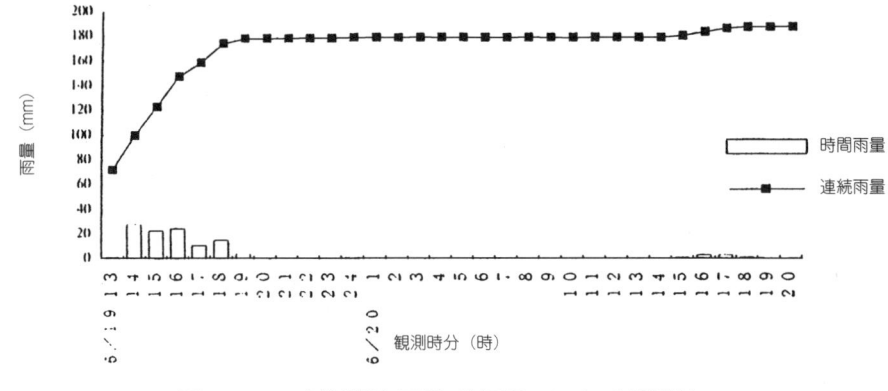

図―3a 本川根町雨量（静岡県テレメータ観測値）

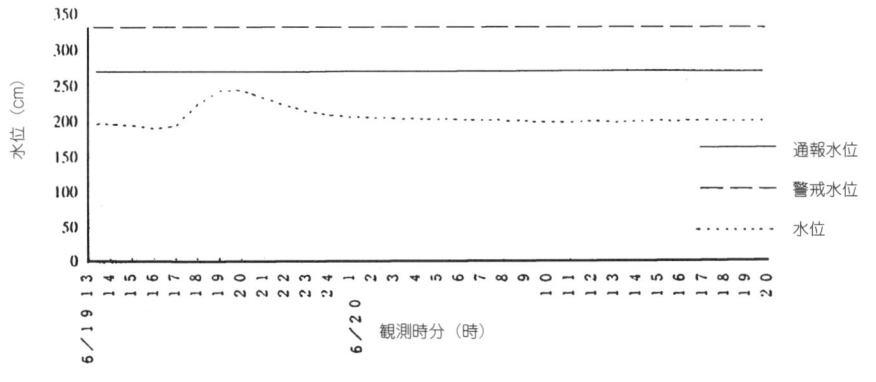

図―3b 川根大橋水位（静岡県テレメータ観測値）

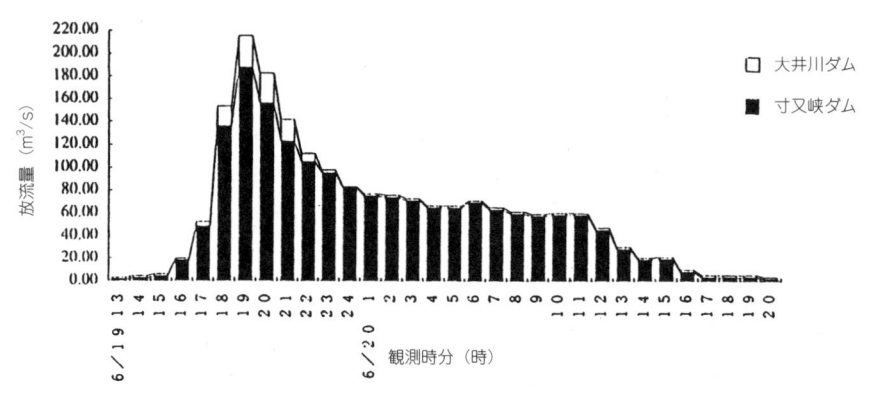

図―3c 寸又峡ダム・大井川ダム放流量
（中部電力大井川電力センター観測値）

図—4a 本川根町雨量（静岡県テレメータ観測値）

図—4b 川根大橋水位（静岡県テレメータ観測値）

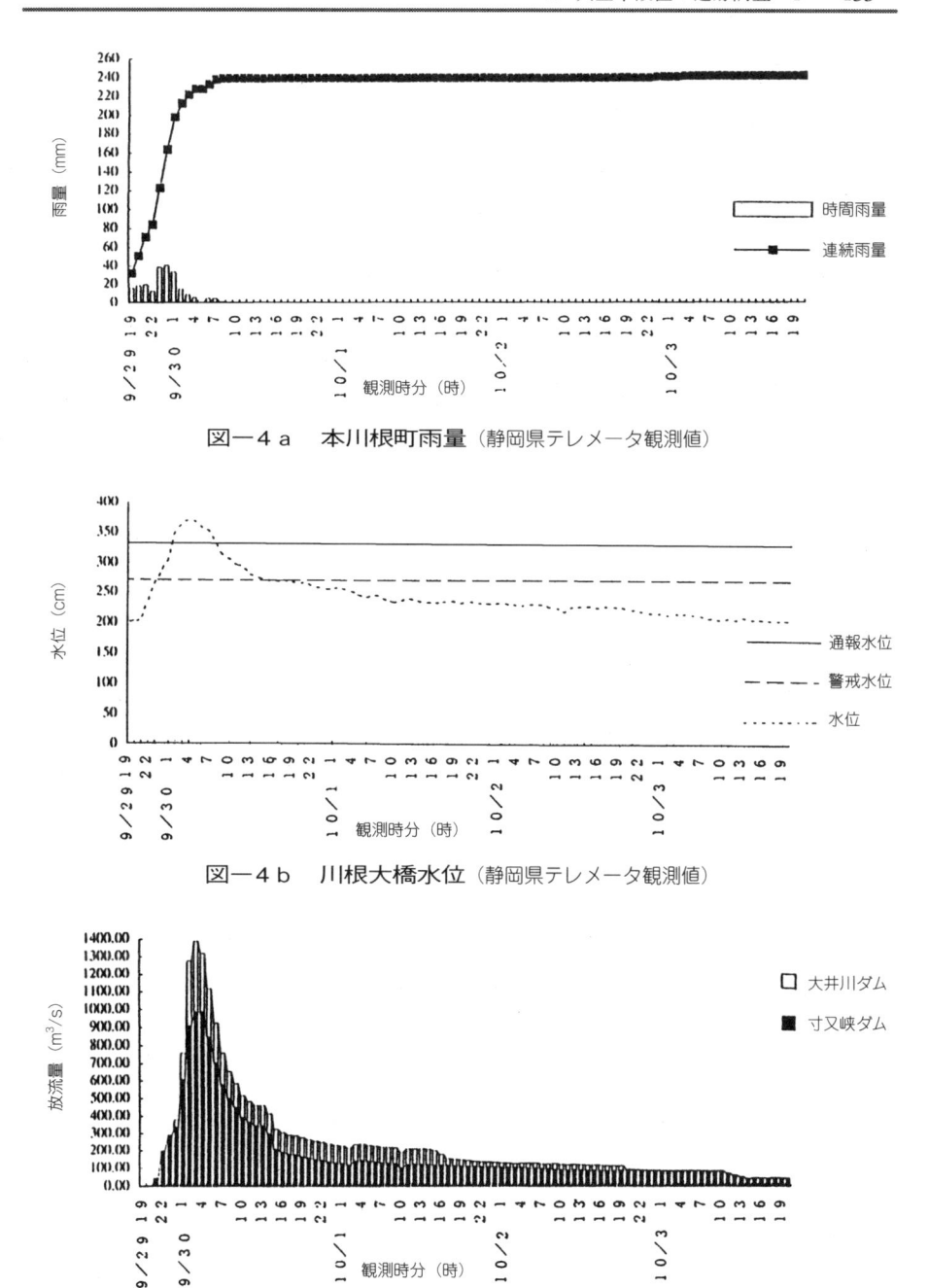

図—4c 寸又峡ダム・大井川ダム放流量
（中部電力大井川電力センター観測値）

◆聖牛の移動実態

聖牛の移動実態を記述するにあたり、最下流の2基(大聖牛)を除いて、各群ごとにⒶ～Ⓕに名称をつける。また、横断測点についても下流から通し番号で表示することにする(図－5)。

① 平面的移動

平面的な移動状況は、図－5a、bに示す通りであるが、最上流部のⒻ群はほとど動いていない。Ⓐ～Ⓔについては、量の多少はあるが全てが右回りに回転している。なお、Ⓕに比べてこれらの近傍河床はコンクリートの根固工が施工されており、付近の流速が横断方向で激変していると考えられ、聖牛もⒻに比べてかなり不安定な状況に置かれていたことが察せられる。

② 縦横断的移動量

縦断的移動状況は図－6a、bに示す通りであるが、最上流部のⒻ群はほとんど動いていない。その他の聖牛群についても(Ⓒ群を除いて)せいぜい10～20cmの移動量で著しい変動はないようである。個々について詳しく観察してみると、Ⓔ群は上流の2基および下流側の1基ともに後方へ移動しながら上へ20cmほど移動している。聖牛は、一般に徐々に沈みながら効果を発揮すると聞いていたが、この結果から必ずしもそのようにならない場合があるということが示された。なお、後述の結果からⒺ群も十分な効果を発揮している。Ⓓ群は多少だが後ろの聖牛が沈み、前の聖牛が浮き上がっている。これは、3基とか5基の構成の場合、Ⓓ群が示したような状態で洪水を受け、その後徐々に後ろの聖牛から全体が沈んでいくのではないだろうかと推測される。Ⓐ群、Ⓑ群は1基構成で10～20cmの沈みが観測された。Ⓒ群については、60～70cmの沈みと前方への屈みおよび後方へのシフトバックがみられるが、これについては移動量の全体的考察の中で記述する。

③ 横断的移動量

横断的移動状況は図－7a～gに示す通りである。Ⓕ群は図に示す通り、ほとんど移動した形跡がない。Ⓔ群は3基ともに多少浮き上がりながら左岸方向へ移動しており、特にE－3が30～40cmと移動量が多く、ついでE－1が10cm程度で、3基それぞれの相対的位置関係がくずれている。Ⓓ群はD－3が左岸方向へ、D－1が右岸方向へ、それぞれ沈みながら多少移動しており、3基の相対的な位置関係は崩れていない。Ⓒ群(1基)は大きく左岸側へ傾いているが、これについては後述する。Ⓐ、Ⓑ群はやや左岸側へ移動(10cm程度)しながら沈み込んでいる。

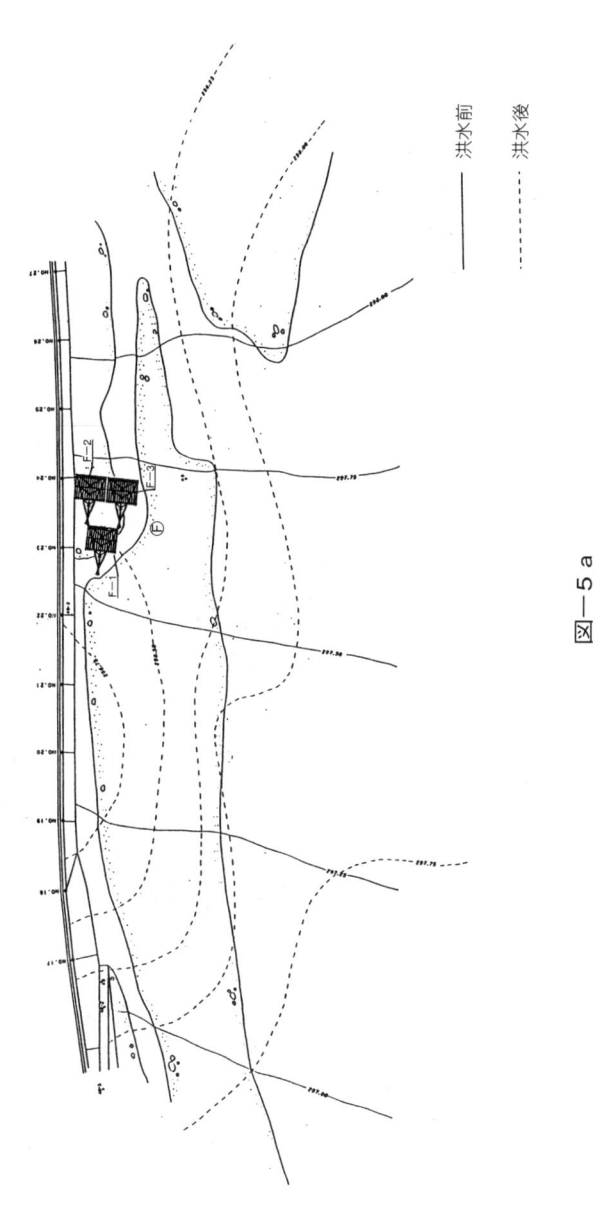

1. 大聖牛設置の追跡調査−Ⅰ　　*135*

図−5 a　　――― 洪水前　　‥‥‥ 洪水後

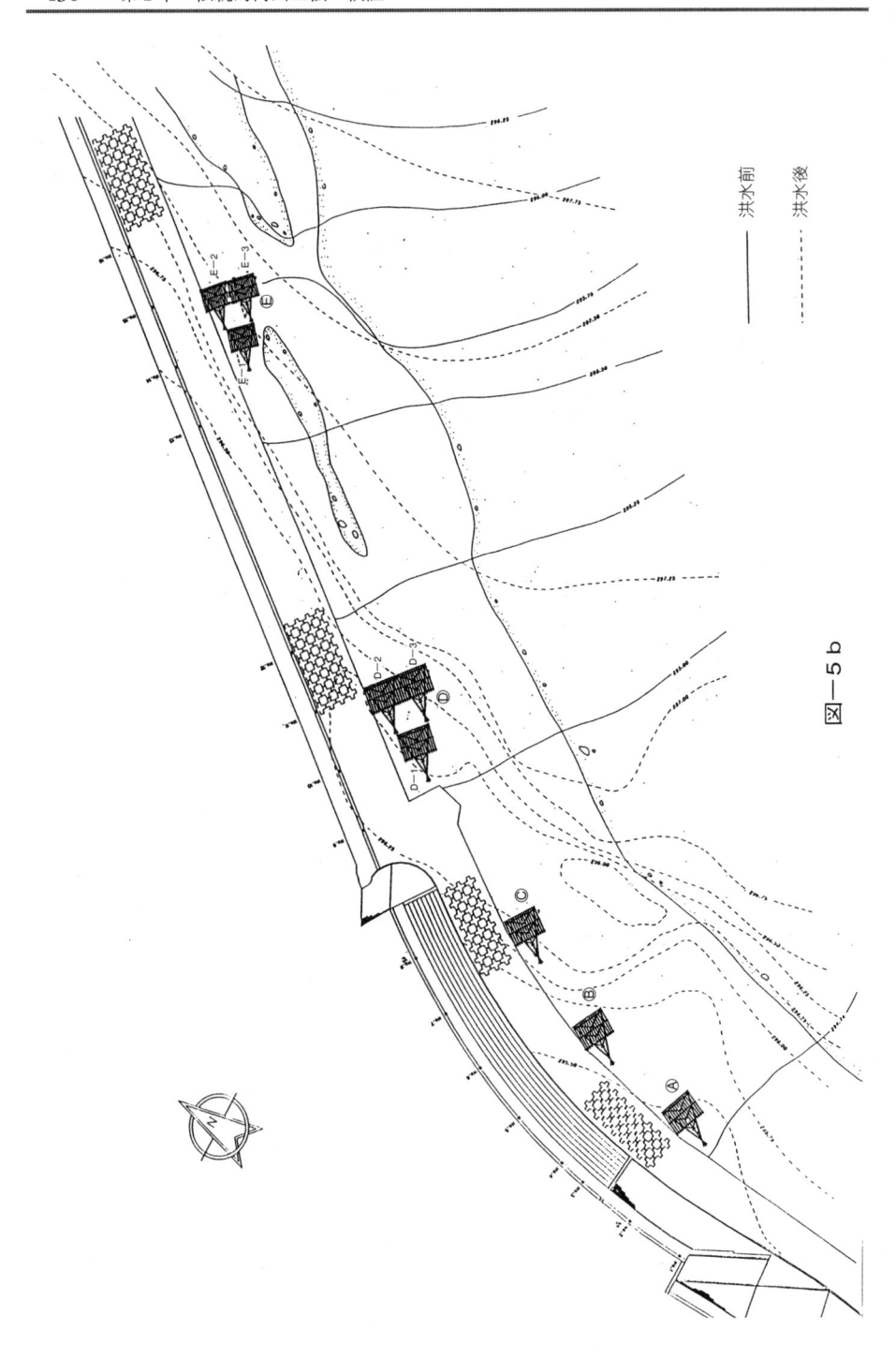

136　第2章　伝統的河川工法の検証

図—5 b

1. 大聖牛設置の追跡調査−I　137

測点	NO.17	NO.18	NO.19	NO.20	NO.21	NO.22	NO.23	NO.24	NO.25	NO.26	NO.27
単距離	181.292	401.283	41.361	421.342	431.262	441.256	451.177	461.260	471.297	481.275	491.208
追加距離		10.066	10.078	9.981	9.920	9.994	9.921	10.083	10.037	9.978	9.933
地盤高	297.00 297.69 298.66	297.16 297.76 298.74	297.30 298.33	292.38 298.75	297.43 298.60	296.50 298.60	297.63 297.90 298.19	297.20 297.90 298.17	295.87 296.21	298.10 298.25	298.18 298.22
堤防高	300.739	300.613	300.868	300.923	300.978	301.033	301.088	331.145	301.200	301.255	301.310

図−6 a

平成6年10月20日現在
平成6年8月10日現在

F−1　F−2

堤防高　地盤高

1/300
1/50

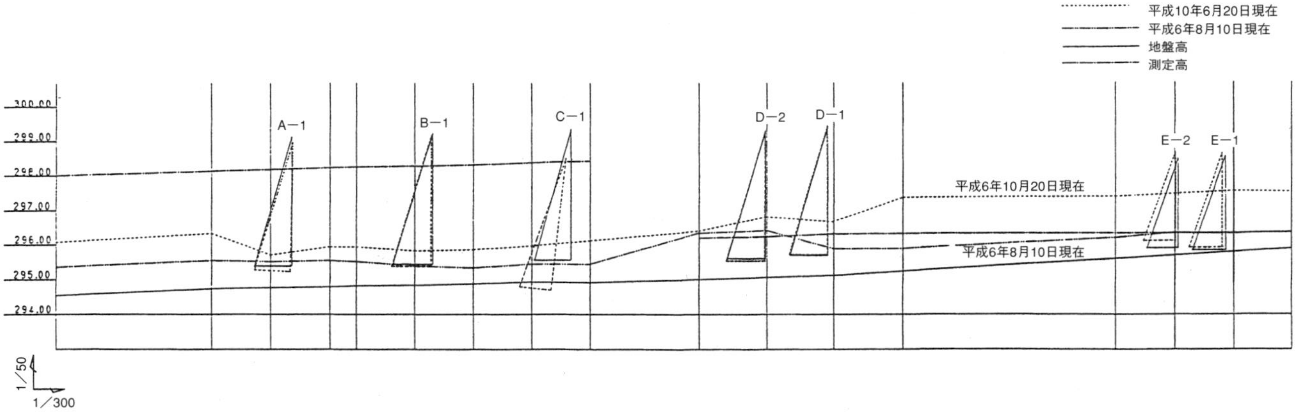

測点	No.0	No.1	No.2	No.3	No.4	No.5	No.6	No.7	No.8
堤防高	298.022	298.137	298.185	298.235	298.265	298.281	298.315	298.381	298.432
地盤高	294.54 295.34 296.09	294.73 295.52 296.30	294.77 295.50 295.70	294.79 295.51 295.91	294.82 295.50 295.93	294.84 295.38 295.82	294.88 295.32 295.87	294.94 295.42 295.95	294.93 295.42 296.11
追加距離	0.000	26.157	36.129	46.121	50.614	60.615	70.613	80.612	90.606
単距離	0.000	26.157	9.972	9.992	4.493	10.001	9.998	9.995	9.994

測点	No.9	No.10	No.11	No.12	No.13	No.14	No.15	No.16
堤防高	296.321	296.324	296.328	296.331	296.343	296.346	296.349	296.352
地盤高	295.00 296.32 296.36	295.06 296.43 296.80	295.12 295.88 296.66	295.24 295.87 297.38	295.58 296.20 297.38	295.68 296.35 297.47	295.79 296.31 297.54	295.79 296.36 297.58
追加距離	112.063	122.063	132.063	142.063	179.925	189.925	199.925	209.925
単距離	21.457	10.000	10.000	10.000	37.862	10.000	10.000	10.000

図—6b

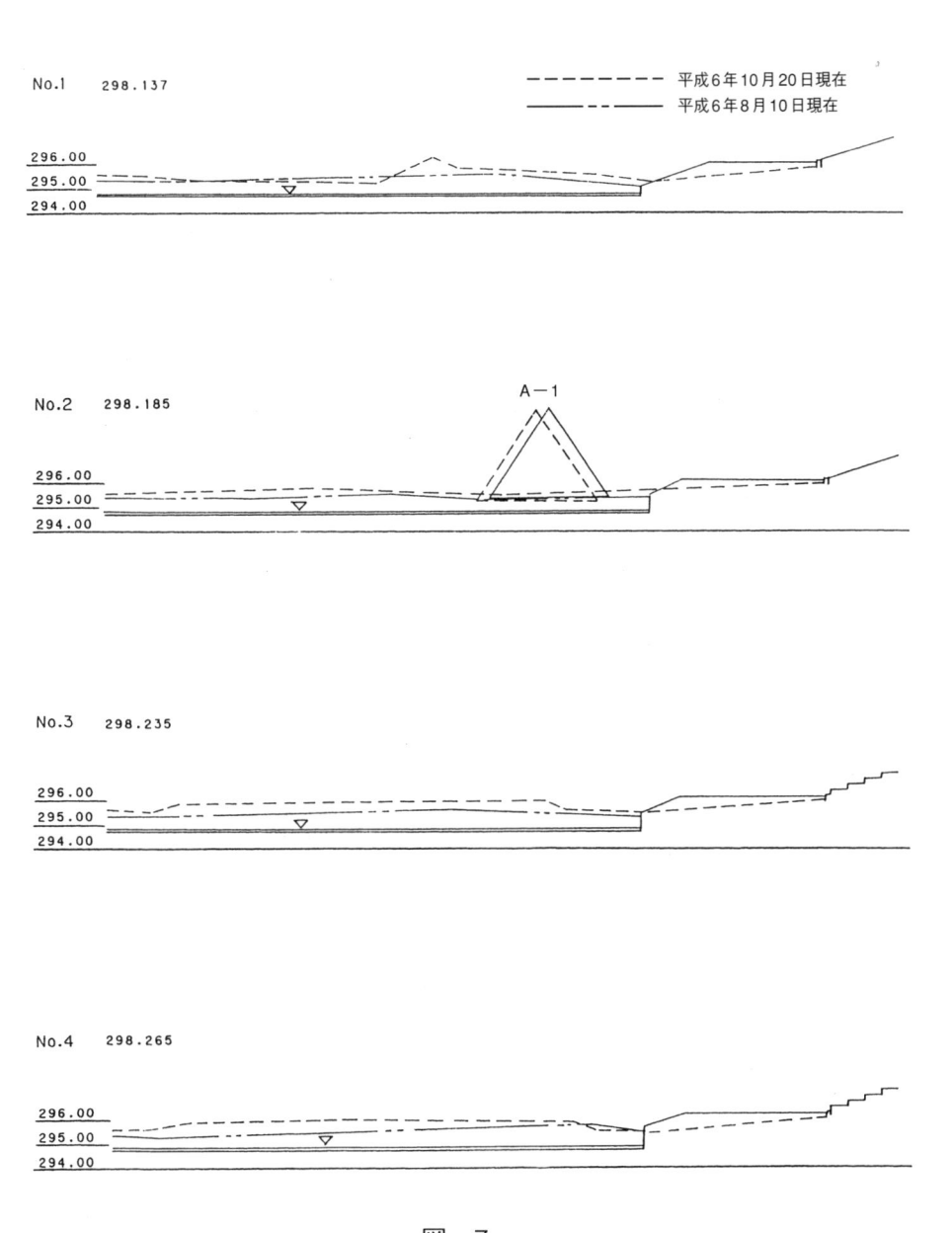

1. 大聖牛設置の追跡調査−I　　139

No.1　298.137
------- 平成6年10月20日現在
―――― 平成6年8月10日現在

No.2　298.185
A−1

No.3　298.235

No.4　298.265

図−7 a

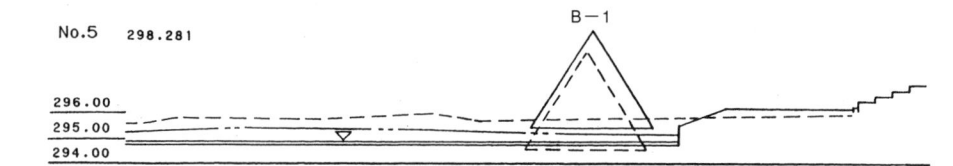

140   第2章　伝統的河川工法の検証

No.5　298.281

No.6　298.315

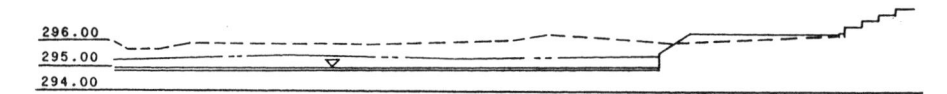

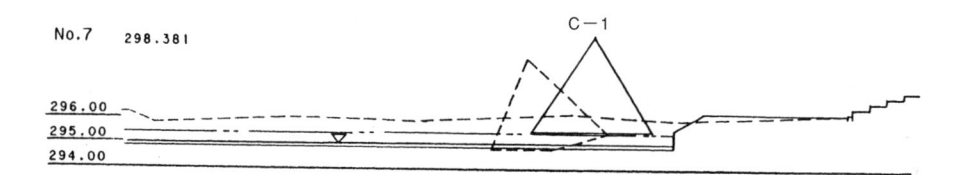

No.7　298.381

No.8　298.432

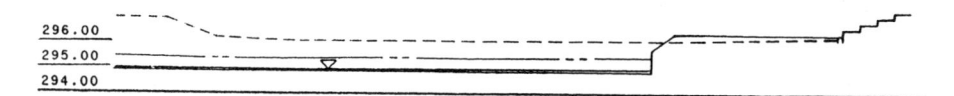

図－7 b

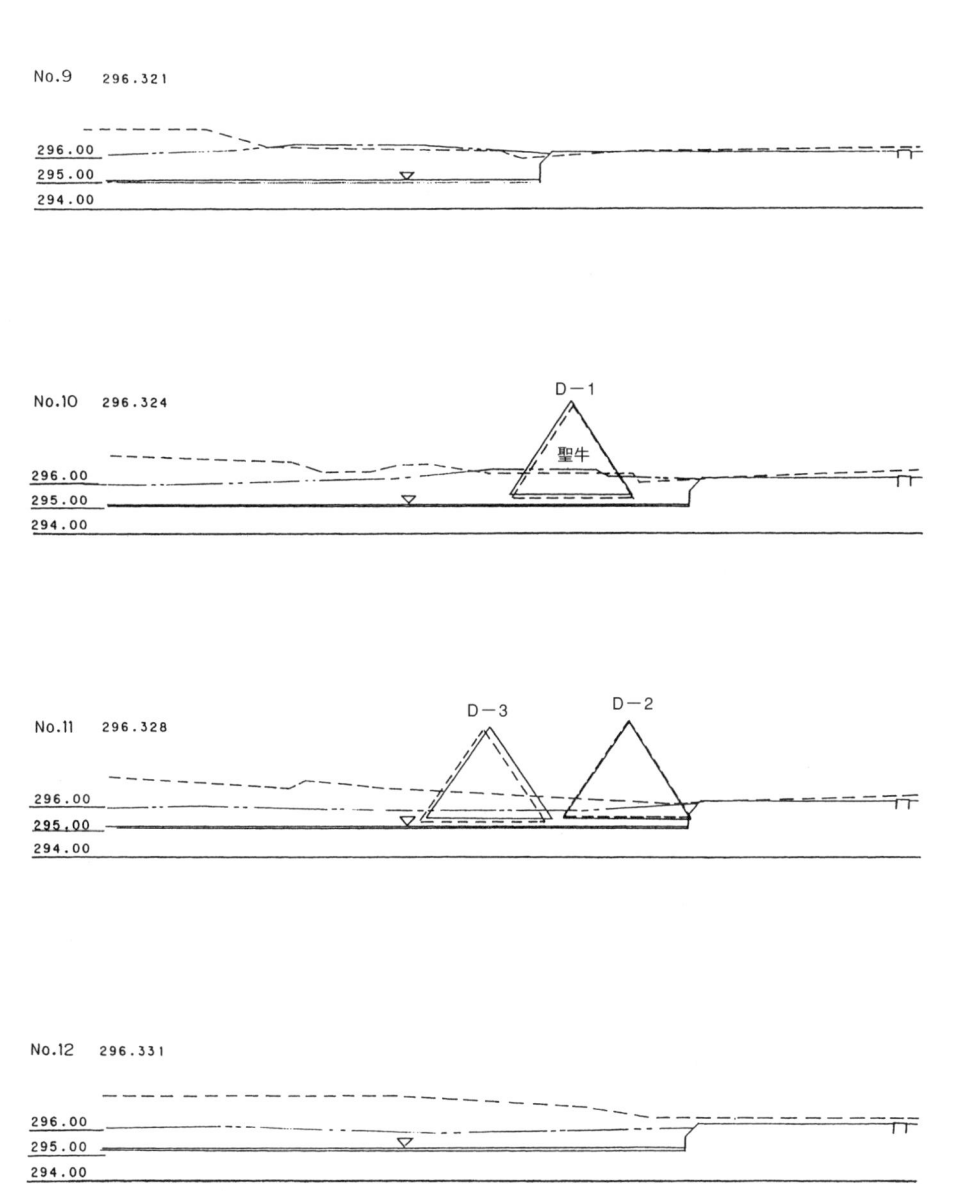

1. 大聖牛設置の追跡調査−Ⅰ   *141*

No.9 296.321

No.10 296.324

D−1
聖牛

No.11 296.328

D−3   D−2

No.12 296.331

図−7 c

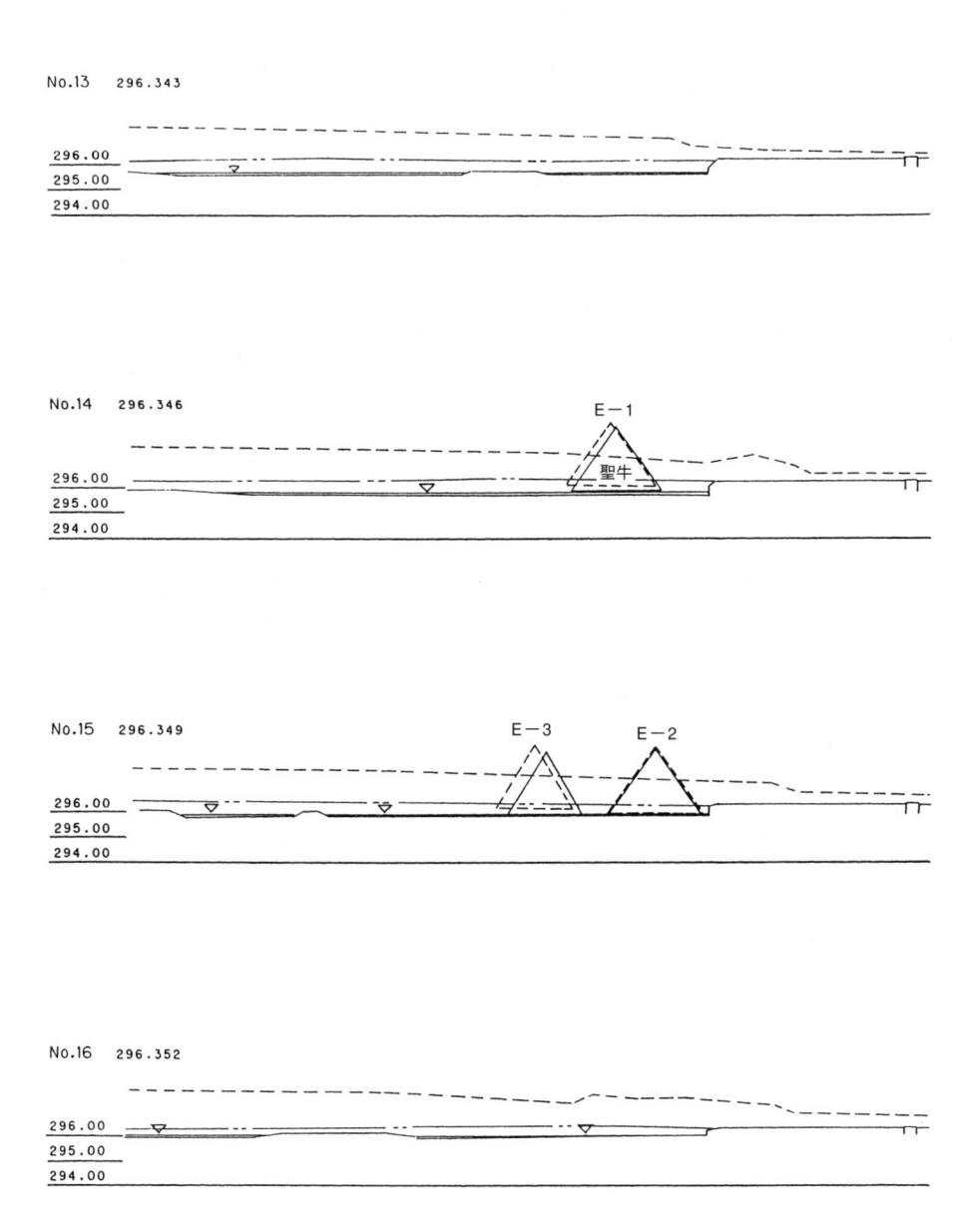

142　第 2 章　伝統的河川工法の検証

No.13　296.343

No.14　296.346
　　　　　　　　　　　　　　　E-1
　　　　　　　　　　　　　　　聖牛

No.15　296.349
　　　　　　　　　　　　E-3　　E-2

No.16　296.352

図－7 d

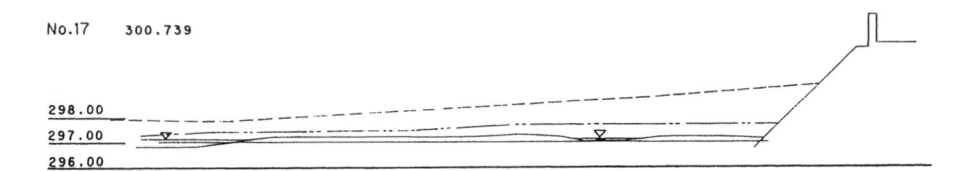

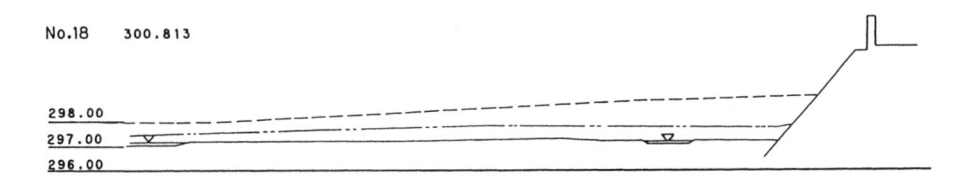

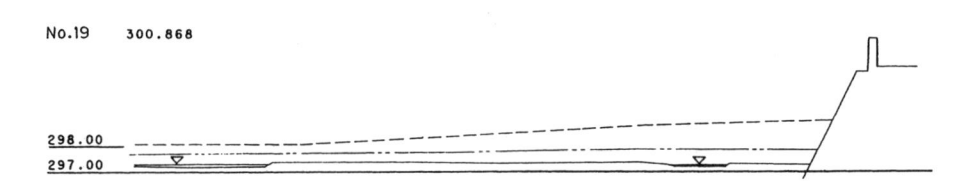

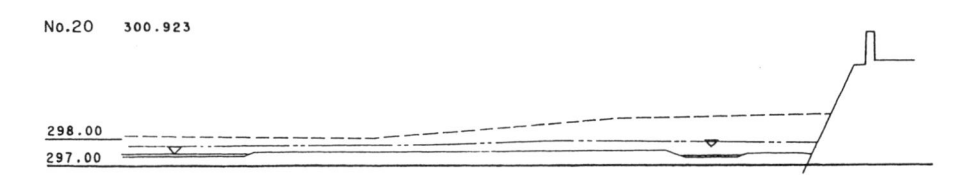

1. 大聖牛設置の追跡調査−I　　*143*

No.17　300.739

No.18　300.813

No.19　300.868

No.20　300.923

図−7 e

図―7 f

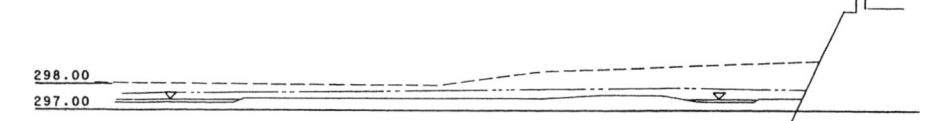

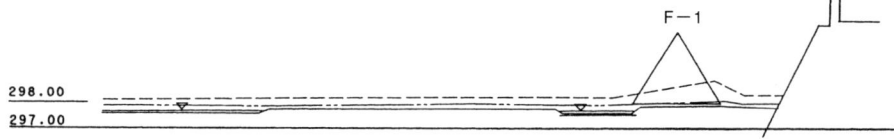

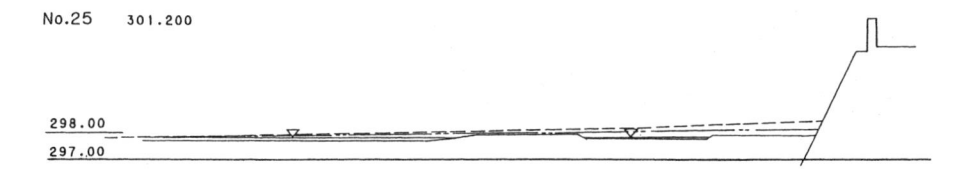

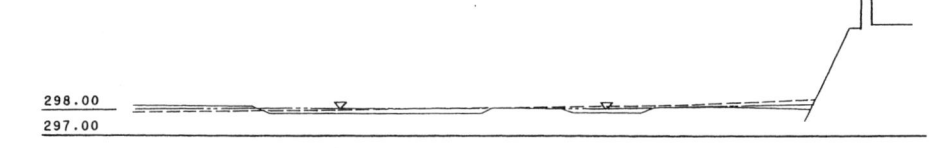

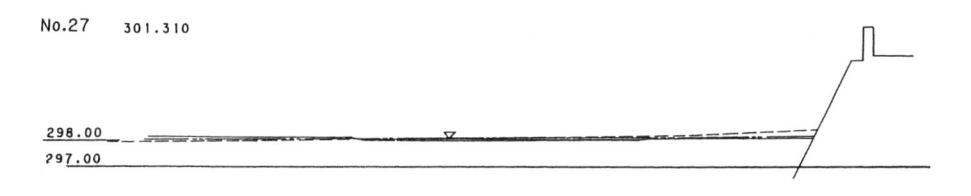

1. 大聖牛設置の追跡調査−I　145

No.25　301.200

No.26　301.255

No.27　301.310

図−7 g

④ 全体的考察

　まず移動実態の考察をする前に、最下流の2基の聖牛について、他と同様の観測をなぜしなかったかであるが、これは、これら聖牛が洪水時に倒壊してしまい観測ができなかったものである。なぜ倒壊したかは明確には分からないが、次の2つの理由が考えられる。

　a．巨大な流木による倒壊

　　写真−1は平成6年9月30日（台風来襲の次の日）に現地で写したものであるが、直径70〜80cmの巨木が聖牛を設置した地点の高水敷に横倒しになっている。また、島田市鍋島に設置した聖牛3基が同様に巨大流木により倒壊した。写真−2には、

写真―1

写真―2

写真―3

流木が前の2基を薙ぎ倒し、かろうじて後ろの1基に押し止められた様子が生々しく写っている。
　b．洪水の流心変化
　　当初は、写真－4のように流れは高水敷の護岸に沿って流れ、主に右岸を流れて壊れた聖牛の地点よりやや下流の岩部に当たり、そこから左岸へ向かって流れていたが、聖牛群の設置後は、まずⒻ、Ⓔによりかなり上流の地点で流れが左岸側に変わった後、改めて右岸側に向きを変え、倒壊した聖牛付近へ直接当たっている。すなわち、滝壺に聖牛を沈めたような形になり、倒壊しても仕方がなかったとも言える。

以上のように、全体的に見ればほとんどの聖牛は動くことなく現地にしっかりと根を下ろしていたと言える。これは倒壊した2基についても同様であった。これらは職人方の言った「聖牛は流失しない」という言葉がはっきり現実感をもってきたと言える。

Ⓒ群については、他と多少状況が異なるのでここで考察をしておく。河川の流れやすさは水位が高いときに比べ、水位が下がるにつれて局所的な流れやすさに左右される場合がある。実は、今回聖牛を設置した所は、既にコンクリートブロックによる低水護岸と根固めが施工されてあるところで、Ⓔ、Ⓓ群は高水敷の上流にある根固工の前に設置されていた。**写真－3**は台風の次の日の流れの様子であるが、洪水の一部はⒺ群の上流部より流れやすい根固上（コンクリート面）を流れ、下流の低水護岸に当たり流路を左に変え、Ⓒに右側面からあたっている。聖牛自体は正面からの洪水流に対しては絶大な抵抗力を有するが、側面からの洪水流に対してはその抵抗力は極めて小さいと考えられ、その結果当該聖牛は左岸方向へ大きく傾いたものである。

反省面としては、大井川のような急流河川ではいかに聖牛といえども1基で洪水に抵抗するのは無理で、最低3基の群（これなら側面からの外力に抵抗できる）にする必要がある。ちなみに、平成6年度は中川根町高郷地先では前3、後2の5基構成で設置した。

◆河床変動の実態
① 写真による観測
　河床変動の実態を如実に表しているのが、以下に示すような写真である。それぞれ同じ地点で洪水前（写真左）と後（写真右）の状況を写している。**写真－4**は聖牛群の直上流にある川根大橋より下流側の全景を写したものであるが、洪水の前後でみお筋が右岸から左岸へ移っているのがわかる。また、河床の状況から聖牛の影響範囲がある程度判断

できる。その他写真－5～15が同様に洪水前後の比較写真であるが、聖牛近傍でいかに堆砂が促進されたかが示されている。

② 平面的河床変動

平面的な河床変動の状況は図－5a、bの河床の等高線の変化で示してある。洪水前と洪水後を比較してみるとその変化は明確である。洪水前には等高線が河川の横断方向にほぼ平行に走っていた。すなわち、洪水前は上下流の変動はあっても横断方向の少なかったが、洪水後は等高線が河川の縦断方向へ走るようになり、河床の横断的な変動（右岸側ほど河床が高い）が顕著になっている。なお、等高線の間隔は$\Delta h = 25 cm$で示してあるが、洪水後の方が明らかに等高線の間隔が狭くなっており、特に聖牛の近傍ではその傾向が大きいことがわかる。

③ 縦断的な河床変動

縦断的な河床変動の状況は図－6a、bに示される通りで、聖牛設置地点で1～1.5m程度の堆砂が起こっている。Ⓐ群からⒺ群までは上流の聖牛の影響を受けるので各聖牛群がその背後の堆砂にどの程度効果を発揮しているかは明確に分からないが、Ⓕ群の近傍を見ると聖牛の上流側は10～20cm程度しか堆砂が認められないのに、その下流側では2回の洪水の後2m近い堆砂が観測されている。その影響範囲は明確ではないが、3基構成の聖牛で100m（写真－16は島田市鍋島に聖牛3基を設置したもので、上空から写した写真により影響範囲が認められる）に及ぶことが観測されている。文献には水制の影響範囲として以下のような記述があるが、聖牛の場合はかなり広範囲に影響が及ぶようで興味深い。今後は、聖牛の影響範囲について綿密な観測を行い、その定量的な把握ができれば実施時の聖牛配置構成に有効であろう。

【水制間隔に関する緒説】

a．フレングスの説

$L = 5/7 B$　　直線流路

$1/2 B$　　凹岸および短い流路

$2 B$　　凸岸　　　B：水制頭部間の水路幅員

b．ファン・ドールンの説

ケレップ水制はその長さの約1.5倍の間隔が適当である。

c．ウィンケルの実験式

$L = (1.25 \sim 4.5) B$　　　　B：水制長

1. 大聖牛設置の追跡調査-I　149

写真-4　川根大橋より下流を望む（左：洪水前、右：洪水後）

写真-5　下流高水敷より上流を望む（左：洪水前、右：洪水後）

写真-6　Ⓕを左岸側より見る（左：洪水前、右：洪水後）

写真-7 Ⓕを下流側より見る（左：洪水前、右：洪水後）

写真-8 Ⓔを上流より見る（左：洪水前、右：洪水後）

写真-9 Ⓔより下流の聖牛群（左：洪水前、右：洪水後）

1. 大聖牛設置の追跡調査－I　*151*

写真－10　Ⓓを上流より見る（左：洪水前、右：洪水後）

写真－11　Ⓓより下流の聖牛群（左：洪水前、右：洪水後）

写真－12　Ⓑより上流の聖牛群（左：洪水前、右：洪水後）

写真—13　Ⓑより下流の聖牛群（左：洪水前、右：洪水後）

写真—14　Ⓓより下流の聖牛群（左：洪水前、右：洪水後）

1. 大聖牛設置の追跡調査-I   153

写真-15　Ⓓを右岸側より見る（左：洪水前、右：洪水後）

写真-16

④ 横断的な河床変動

聖牛近傍の横断的な河床変動については図-7a〜gを見れば明らかなように、最大で2mに及ぶ河床上昇が確認される。しかし、これだけではこれが聖牛の効果として起こった河床上昇なのか、あるいは単なる上流からの土砂運搬による河床上昇なのか（上述の平面的あるいは縦断的河床変動の記述により、ある程度聖牛の効果であると判断はできるが）は判断がつかないだろう。そこで、当該地点近傍で従来行われてきた河川横断測量と今回の横断測量のデータを比較することにより、今回の堆砂の特殊性を評価することにした。対象とする横断はNo.67.6、No.67.8、No.68.0、No.68.2の4地点で平面的な位置は図-1に示す通りである。各地点の横断は図-8a、dの通りで、過去4年間の河床の状況を平成6年11月のデータと併記してある。

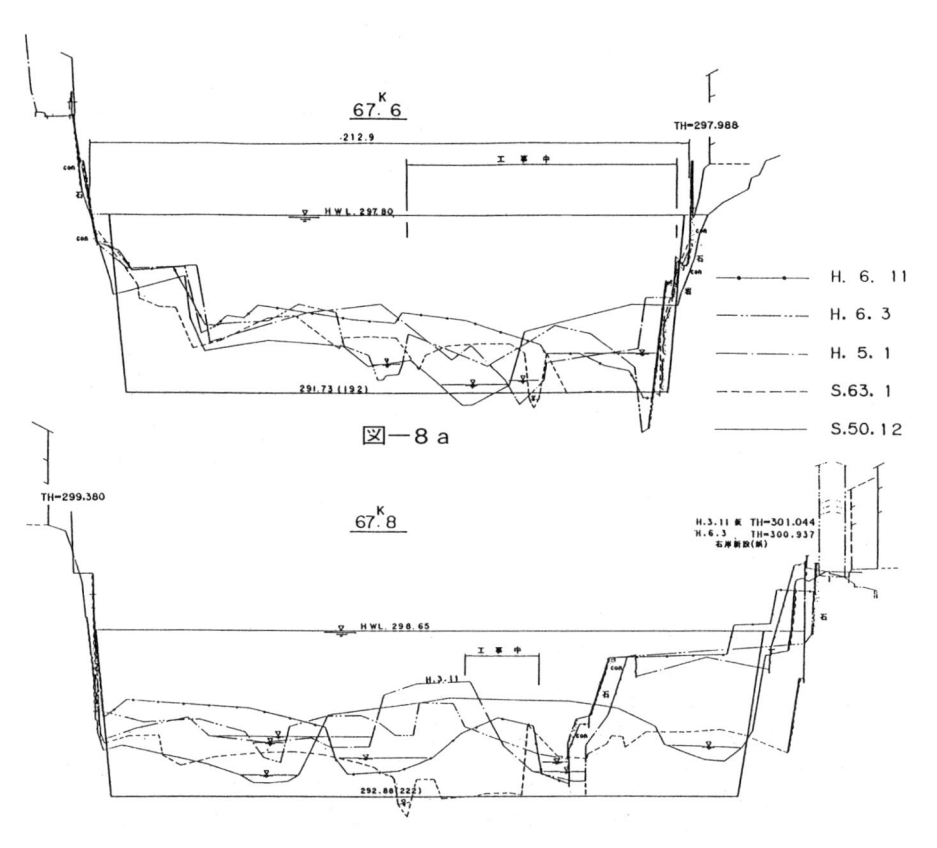

図-8a

図-8b

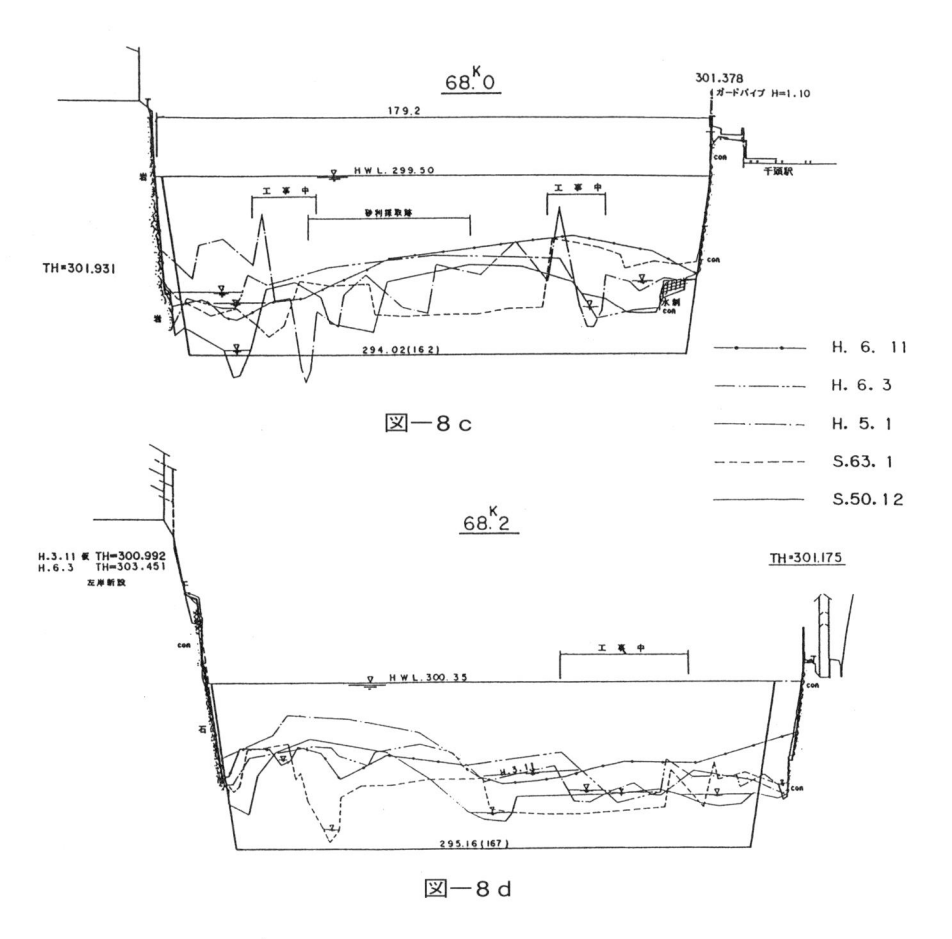

1. 大聖牛設置の追跡調査−Ⅰ 155

図−8c

図−8d

　今回 (1997.11) のデータを評価するにあたって、図−9に示すように河床、H.W.L および両岸で挟まれた図形の図心を求め、それが過去のデータと比べてどのように変動するかを調べた。なお、G_Y の値が増加するということは河床の上昇を示し、G_X が増加するということは右岸が洗掘されているか、あるいは左岸の河床が上昇していることを示している。

　図−10a〜dは G_Y の値を年ごとにプロットしたもので、地点により増加あるいは減少しているが、その変動量は過去の変動量からみて顕著な変動とは言えないだろう。

　一方、図−11a〜dは G_X の変動の状況を示したもので、No.68.0 および No.68.2（聖牛設置箇所）で値が極端に小さくなっており、これより左岸が河床低下したかあるいは右岸が上昇したことがわかる。G_Y の値は顕著な変動がみられなかったことから、左岸の

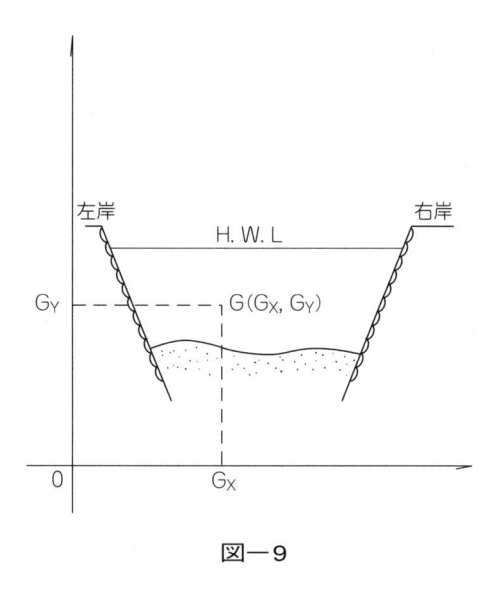

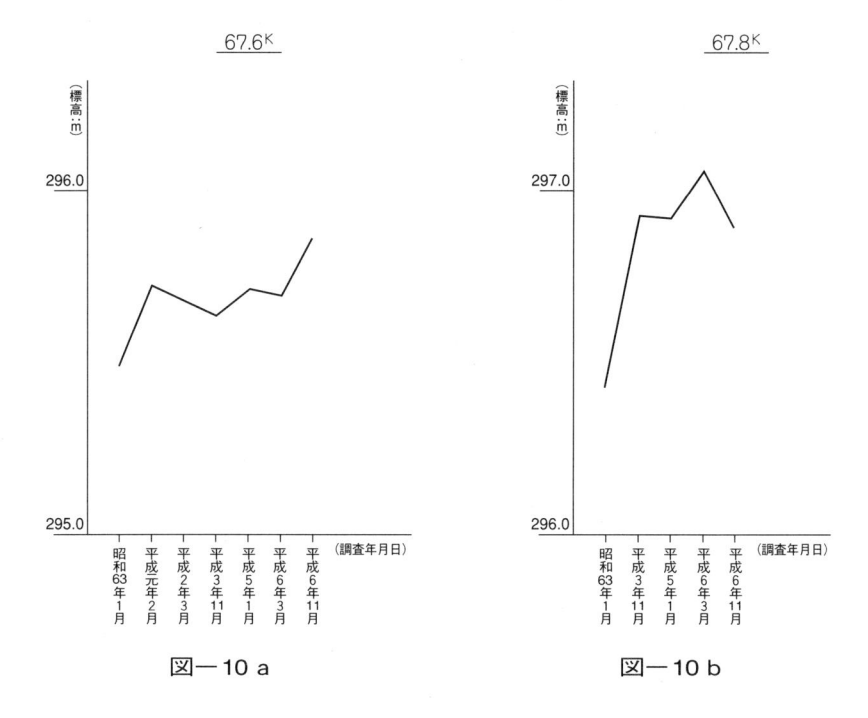

156　第2章　伝統的河川工法の検証

図―9

67.6K

図―10 a

67.8K

図―10 b

1. 大聖牛設置の追跡調査 − I

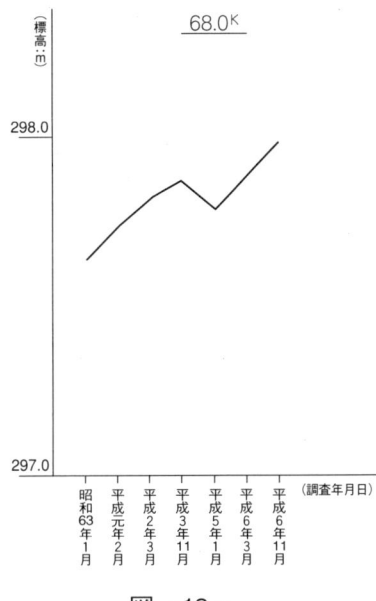

図― 10 c

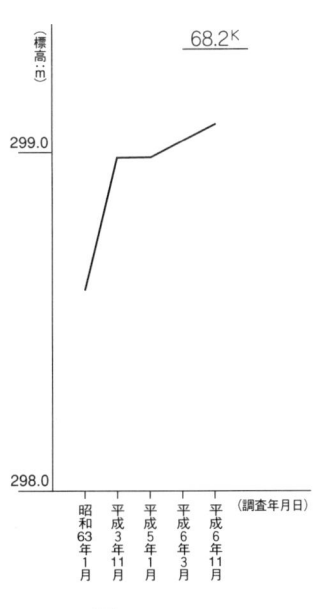

図― 10 d

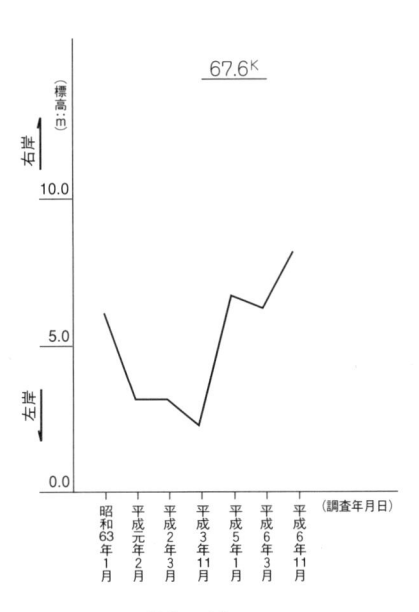

図― 11 a

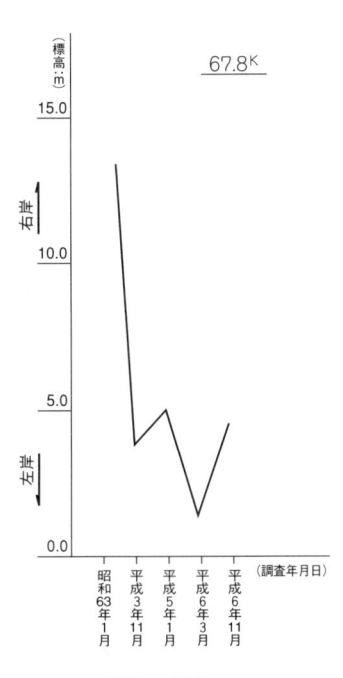

図― 11 b

図—11 c　　　　　　　　　　　図—11 d

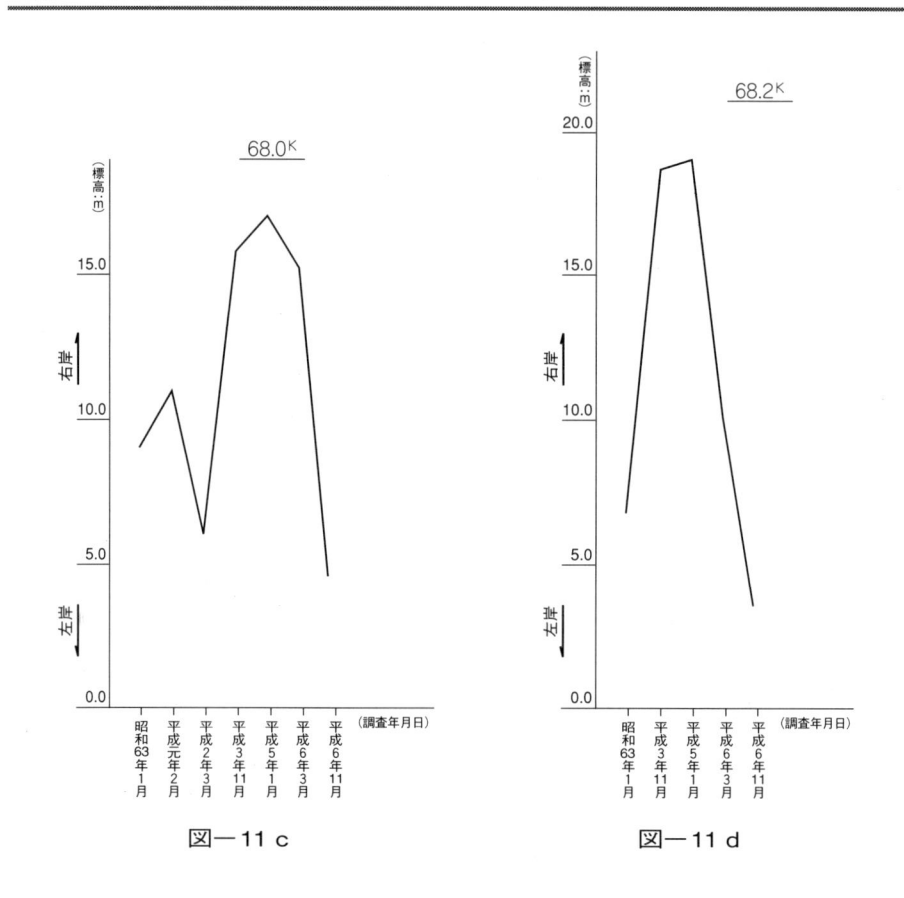

　河床低下と右岸の河床上昇が同時に起こったと判断できるだろう。なお、No.67.6とNo.67.8ではGxは増加しているが、これは聖牛の下流側でその影響は少なくなり、みお筋が右岸側へ寄ったためと思われる。

　ところで、上記のように図心の位置で河床の変動を評価するについて多少の問題はある。当該地点は平成2年頃高水敷が整備され河床が固定されたが、今回はそこも含めて計算しているため、実際に動いている河床部分を十分反映しているとは言えないかもしれない。また、図心の変動量は河床の変動量の半分程度と考えられ、Gx、Gyという値もそれで河床変動が定量的に把握できるものではなく、あくまでも定性的判断の材料であると考えるべきである。

写真—17 a   写真—17 b

◆柳枝工

　聖牛の効果については上述の通りであるが、言うまでもなく杉材と蛇籠による構造であるため、その耐久性についてコンクリート構造物の50年などという年月は期待できない。したがって、聖牛が朽ち果てた場合にもそれと同様な効果を期待できるような補完的な構造物が必要である。そのために考えたのが柳の植樹で、今回は聖牛の背後にある根固ブロックの間に$700m^2$にわたって挿木をし、育成することとした。挿木をして数か月の間は写真のような成育をみせ、そのまま根を張るものと期待されたが、9月の台風で写真—17のように流出してしまった。そもそもコンクリート表面は滑らかで流速が速く、洗掘が激しいところであるにもかかわらず、そのような箇所に植えたのが失敗であった。聖牛が流亡しないことが確認された今、聖牛の押さえ蛇籠に挿木するのが正解であったと考えている。なお、今年度の事業のなかで聖牛の蛇籠への挿木を検討していきたい。

◆その他

　聖牛の設置に伴う副産物として、上述の壊れた聖牛の直上流部に凹地ができ、そこへ下流のみお筋を流れる水流が流れたため、ワンドまがいのものが形成された(写真—18)。この凹地は聖牛が壊れたため十分な堆砂が促進されず、部分的に凹地になったものと思われるが、避難地としての効果あるいは壊れた聖牛がすみかとなっているなどの理由か

写真ー18

らか、時として多くの小魚が観測されている。このワンドは何とかして残していきたいと考えているが、直下流の災害復旧事業の瀬替時に壊されないか（逆に残しながら瀬替えをする工夫が必要）、また次の洪水で流されないかなどの心配があるが、この事業を実施するにあたり、天からもたらされた恵みと考え、やさしく見守っていきたい。

■今後の課題■

　今回の追跡調査を考察すると、聖牛の水制としての効果は極めて顕著なもので、それについては既に述べた通りである。しかし、当初考えていなかった結果も今回の調査で明らかになった。巨大流木の流出である。聖牛が盛んに作られていた頃には山は管理され、今回のような巨大な流木が聖牛に激突するなどということはほとんどなかったようである。それほど山は荒れているのだろう。今後もこのようなことは十分予想されるため、これらについての対応が大きな課題である。また、聖牛の設置箇所についても同様に課題がある。Ⓒ聖牛が傾いた理由を考えても、聖牛はコンクリート護岸の護岸水制としてはあまり向いていないように思われる。根固工のない箇所に設置したⒻ群がほとんど動いていないことを考えて、聖牛はやはり植性護岸や蛇籠など、いわゆる多自然型護岸工法と一体で初めて効果が長く発揮されるのであろう。今後は多自然型河川工法としての聖牛のあり方について積極的に実施し、調査・研究していきたい。

1. 大聖牛設置の追跡調査−I　161

【参考】

水制施工による河床変動状況の調査

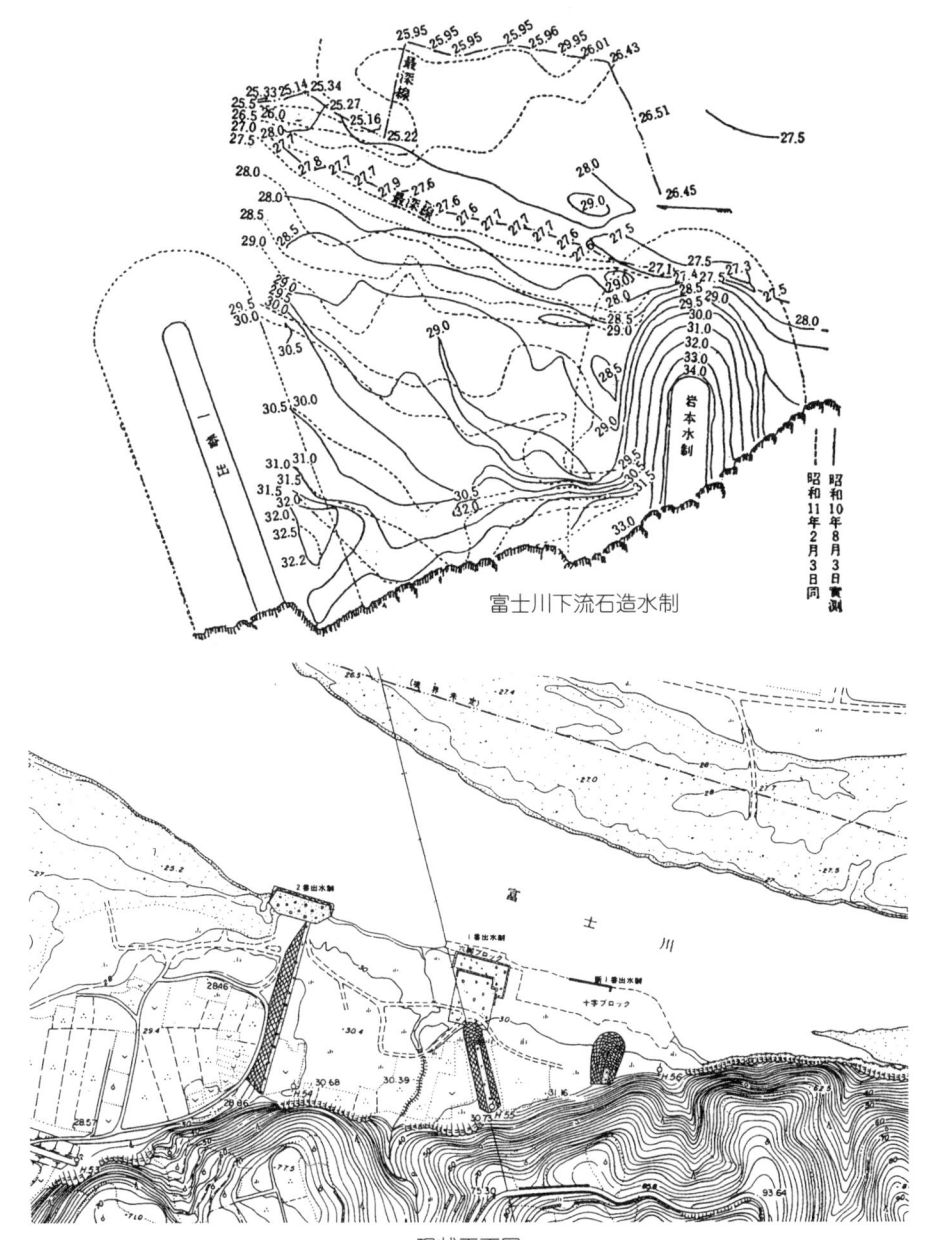

富士川下流石造水制

現状平面図

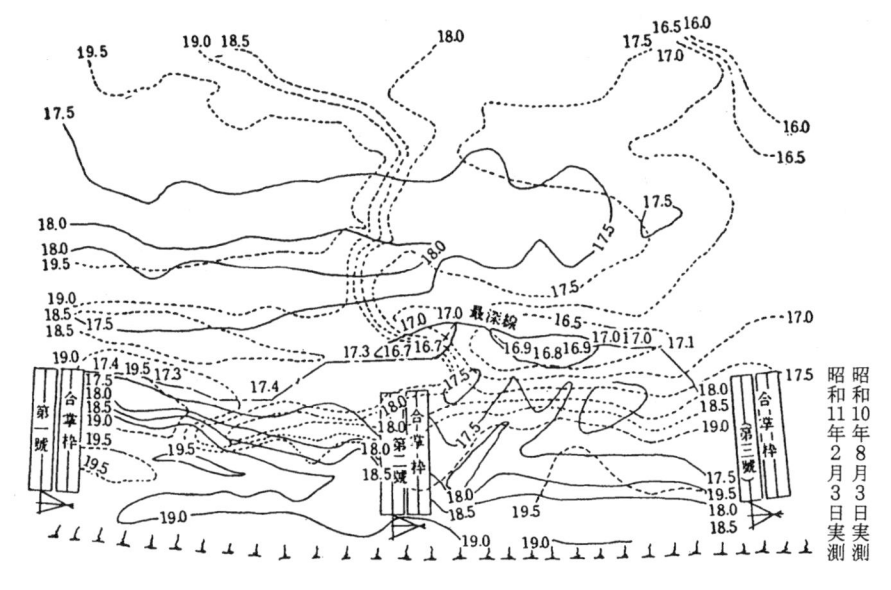

162　第2章　伝統的河川工法の検証

富士川下流合掌枠水制

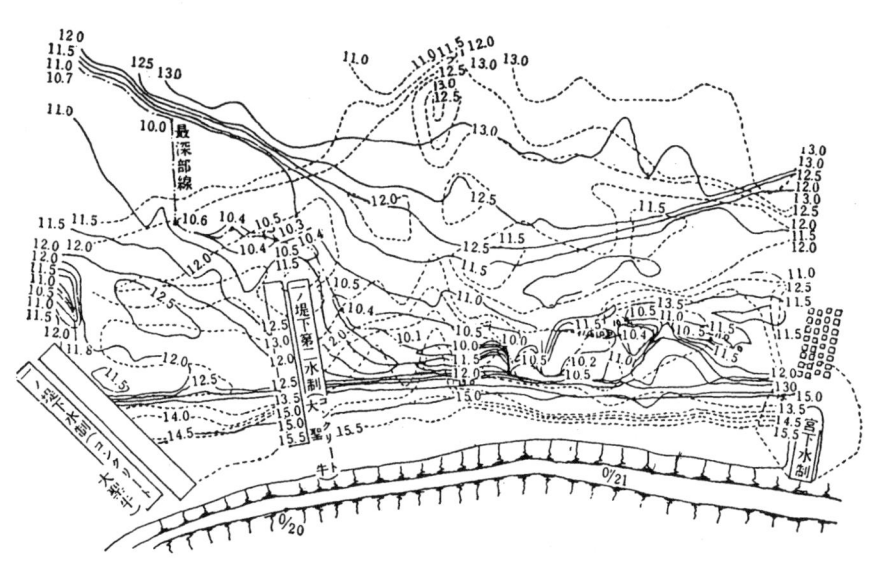

富士川下流聖牛水制

1. 大聖牛設置の追跡調査−I

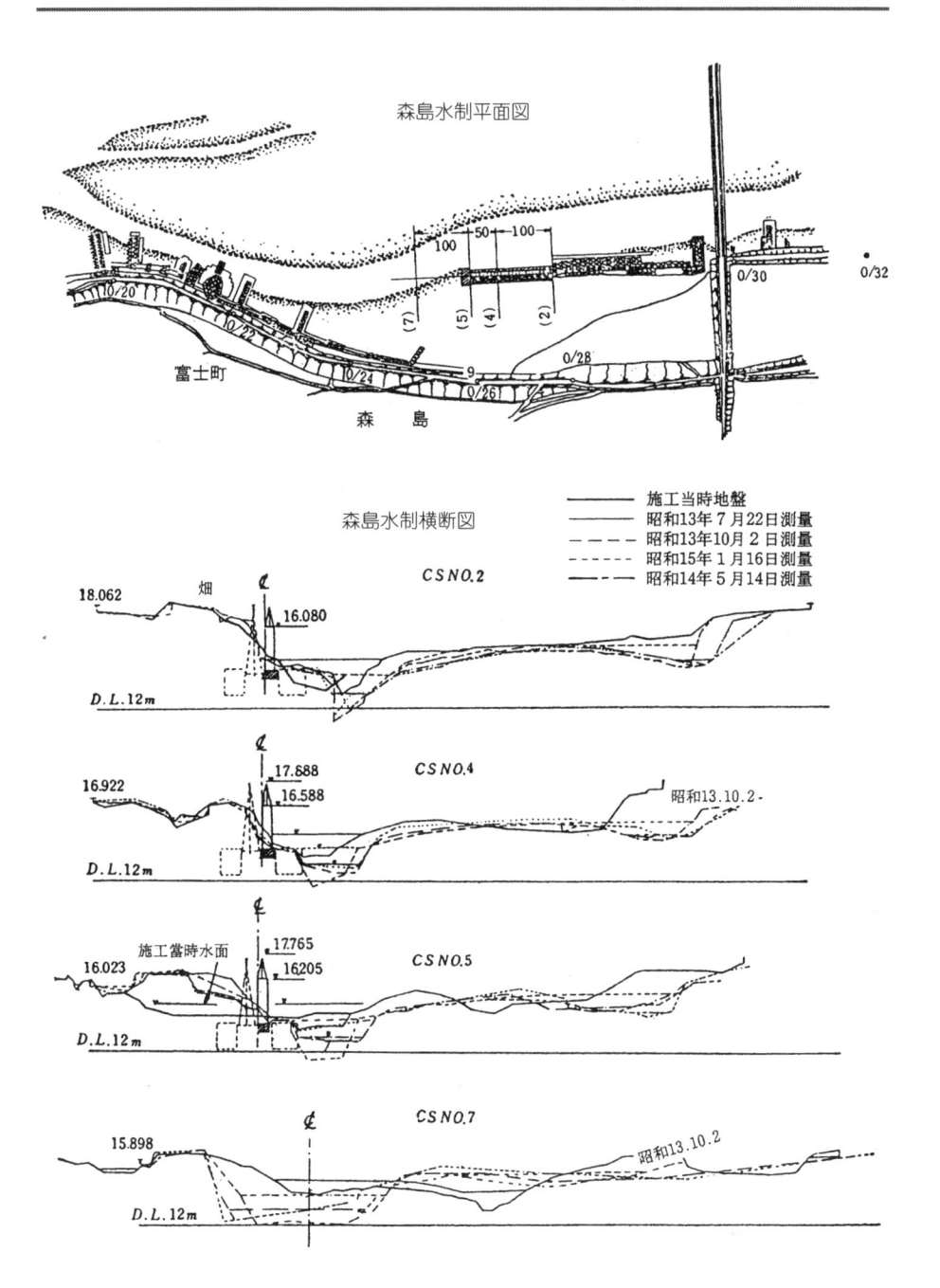

森島水制平面図

森島水制横断図

― 施工当時地盤
― 昭和13年7月22日測量
--- 昭和13年10月2日測量
--- 昭和15年1月16日測量
-・- 昭和14年5月14日測量

CS NO.2

CS NO.4

CS NO.5

CS NO.7

富士川下流東海道線鉄道橋の下流左岸霞堤の先端

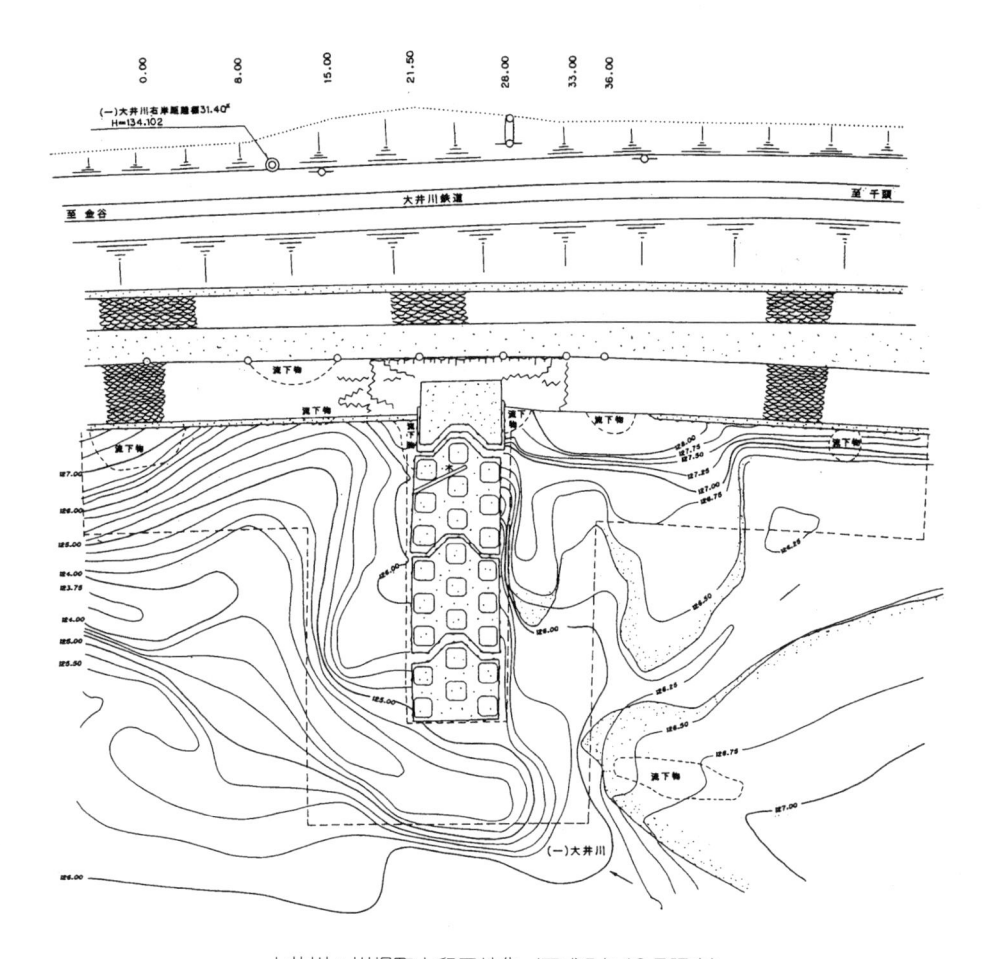

164　第2章　伝統的河川工法の検証

大井川：川根町大和田地先（平成5年12月調査）

2. 大聖牛設置の追跡調査－II

大聖牛設置の追跡調査－II

■概　要■

今回の追跡調査は、平成8年3月に川根町家山地先において、護岸施工に併せて設置した大聖牛（1組＝5基）について実施したものである。

なお、本調査は静岡県島田土木事務所川根支所（担当：戸塚昌久氏、鈴木　悟氏）の資料による。

■調査箇所■

榛原郡川根町家山地先（駿遠橋下流左岸河口より34.0km）

位　置　図

■調査項目■

設置時（平成8年3月）、1回目（平成9年3月）、2回目（平成10年8月）を比較して、以下の項目について検証する。

① 聖牛付近の河床変動

　　現地調査、平面図、縦断面図、横断面図により検証

② 聖牛の移動量および移動方向

現地調査、平面図、縦断面図、横断面図、聖牛比較図により検証
③ 聖牛による大井川への影響評価
　　横断面図から、川の重心の移動を検証
④ 聖牛の抗力および耐久性
　　現地調査をもとに検証

■調査結果■
◆聖牛付近の河床変動
　設置時および1回目の観測時には、砂利運搬の仮設道路が設置されていたことから、全体的な河床変動を検証することは困難である。しかし、聖牛付近に限れば、設置から1回目の調査時の間で、みお筋が設置前の位置に戻り河床が低下した後、2回目の調査時の間で河床が上昇している。

◆聖牛の移動量および移動方向
　平面的な移動は図に示す通り、全ての聖牛において移動が確認でき、川側の聖牛は流水の影響を受けやすいことから移動量も大きい。また、移動方向も左岸側に設置されているため、全ての聖牛において反時計回りに回転している。
　横断的な移動も全ての聖牛において移動が確認でき、川側の聖牛は流水の影響を受けやすいことから移動量（沈下）も大きい。
　図に示す聖牛は前列（上流側）No.2、と後列（下流側）No.4、No.5であるが、平面的および横断的な移動からわかるように、沈下しながら後方（下流側）へ移動している。

◆聖牛による大井川への影響評価
　聖牛を設置したことにより、大井川にどのような影響をもたらしたのかを観測データをもとに解析し検証した。
　聖牛設置後の水筋の移動および堆砂状況を大井川距離標の位置で観測した横断測量のデータを座標化し、河積の重心位置を1回目に調査した時の位置と比較して移動量を調査した結果を重心移動図に示す。
　重心位置は、1回目と同様に河床、HWLおよび両岸で挟まれた部分の河積の重心を求めた。この重心位置が高くなれば1回目の調査時よりも河床が上昇したことを示し、横方向への移動は、移動した方向の河床が低下したか、反対側の河床が上昇したことを示す。

重心の位置の計算は、以下の計算式を用いた。

面　積
$$A = 1/2 \times \Sigma(X_1 \times Y_2 - X_2 \times Y_1) \qquad (式-1)$$
縦方向の重心位置
$$GY = 1/2A \times \Sigma(X_2 - X_1) \times (Y_2^2 + 1/3 \times (Y_1 - Y_2) \times (Y_1 + 2 - Y_2)) \qquad (式-2)$$
横方向の重心位置
$$GY = 1/2A \times \Sigma(Y_2 - Y_1) \times (X_2^2 + 1/3 \times (X_1 - X_2) \times (X_1 + 2 - X_2)) \qquad (式-3)$$

　重心位置を比較してみると、聖牛の後方となる33.8kでは極端な変化はみられない。また、聖牛の前方部となる34.0Kでは上下移動は微量なのに対し、横方向の動きは右岸側に移動している。これは、聖牛を設置された部分の河床が上昇し、右岸側の河床が低下したためと考えられる。

◆聖牛の杭力および耐久性

　現地で測量を実施したあと、台風による洪水が生じたため再度現地を踏査し、変化状況を整理することにした。1回目の調査結果と台風後（平成11年2月現在）の現地調査の結果を比較したものを表および写真で示した。

　この家山工区では、台風後も特に測量時とほとんど変化が見られなかったが、1回目と2回目の調査結果と比較して変化状況をもう一度整理してみると、以下のようなことがあげられる。

- 聖牛は多少変形しているものの、損傷は見受けられない。
- 水際部に設置されている聖牛ほど流水の影響を受けやすいため、横断的な傾きが大きい。
- 川の流れ（水筋の位置）にほとんど変化が見られない。
- 聖牛前面にはゴミ等の付着はあるが、流木があたった形跡はない。
- 水際の蛇篭付近の洗掘が著しい。

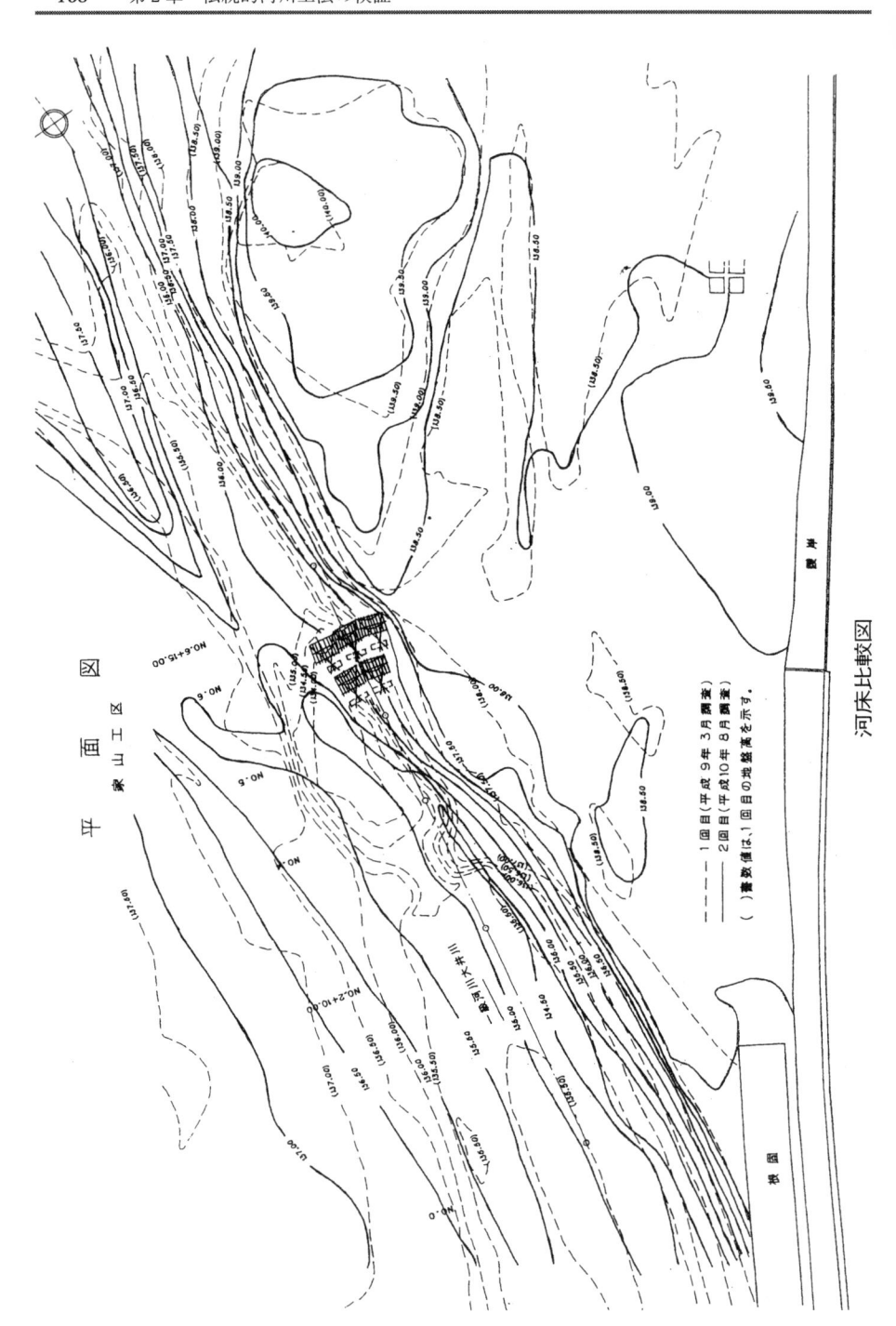

168　第2章　伝統的河川工法の検証

平面図

蛇山工区

河床比較図

------ 1回目(平成9年3月調査)
―― 2回目(平成10年8月調査)
( )書数値は、1回目の地盤高を示す。

2. 大聖牛設置の追跡調査－II　*169*

聖牛移動観測点配置図（S＝1：100）
榛原郡川根町家山

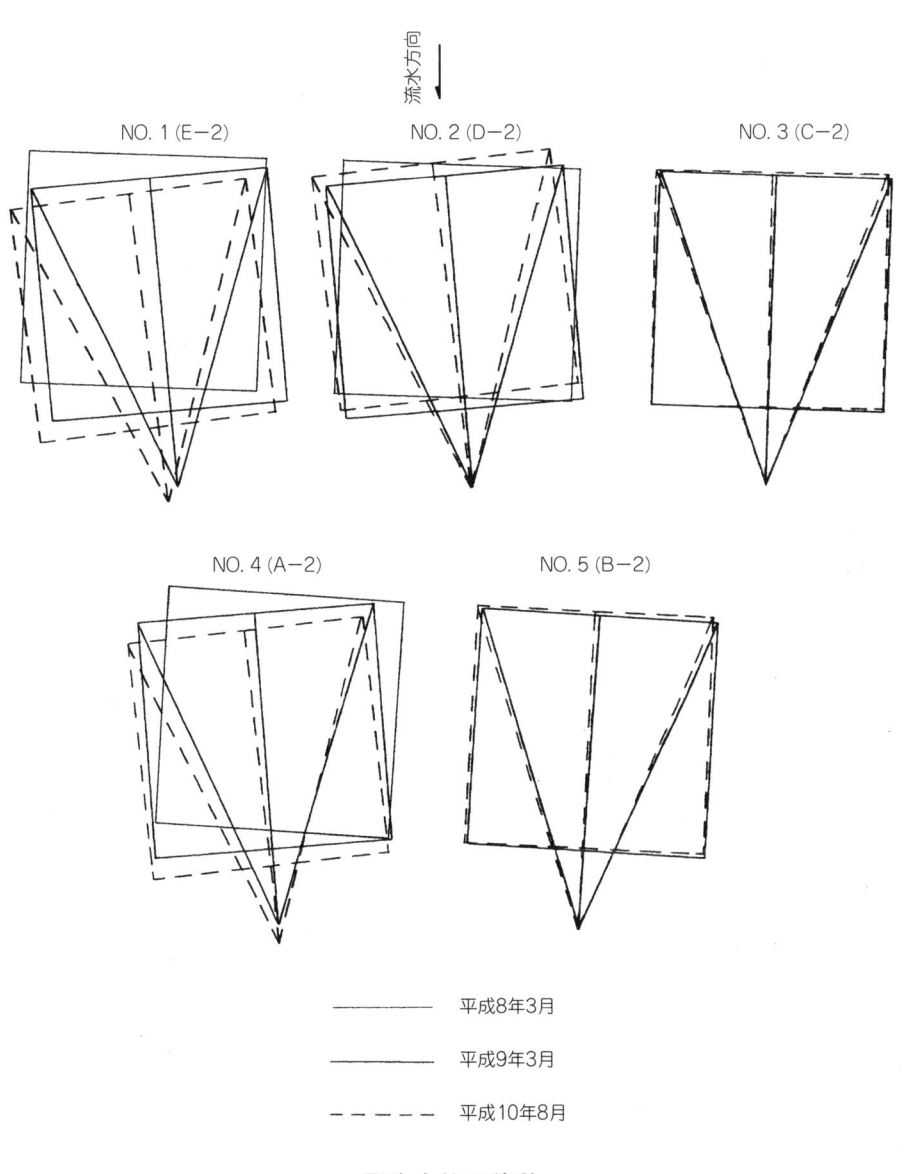

流水方向 ↓

NO. 1 (E-2)　　　NO. 2 (D-2)　　　NO. 3 (C-2)

NO. 4 (A-2)　　　NO. 5 (B-2)

―――――― 平成8年3月

―――――― 平成9年3月

― ― ― ― ― 平成10年8月

聖牛本体の移動

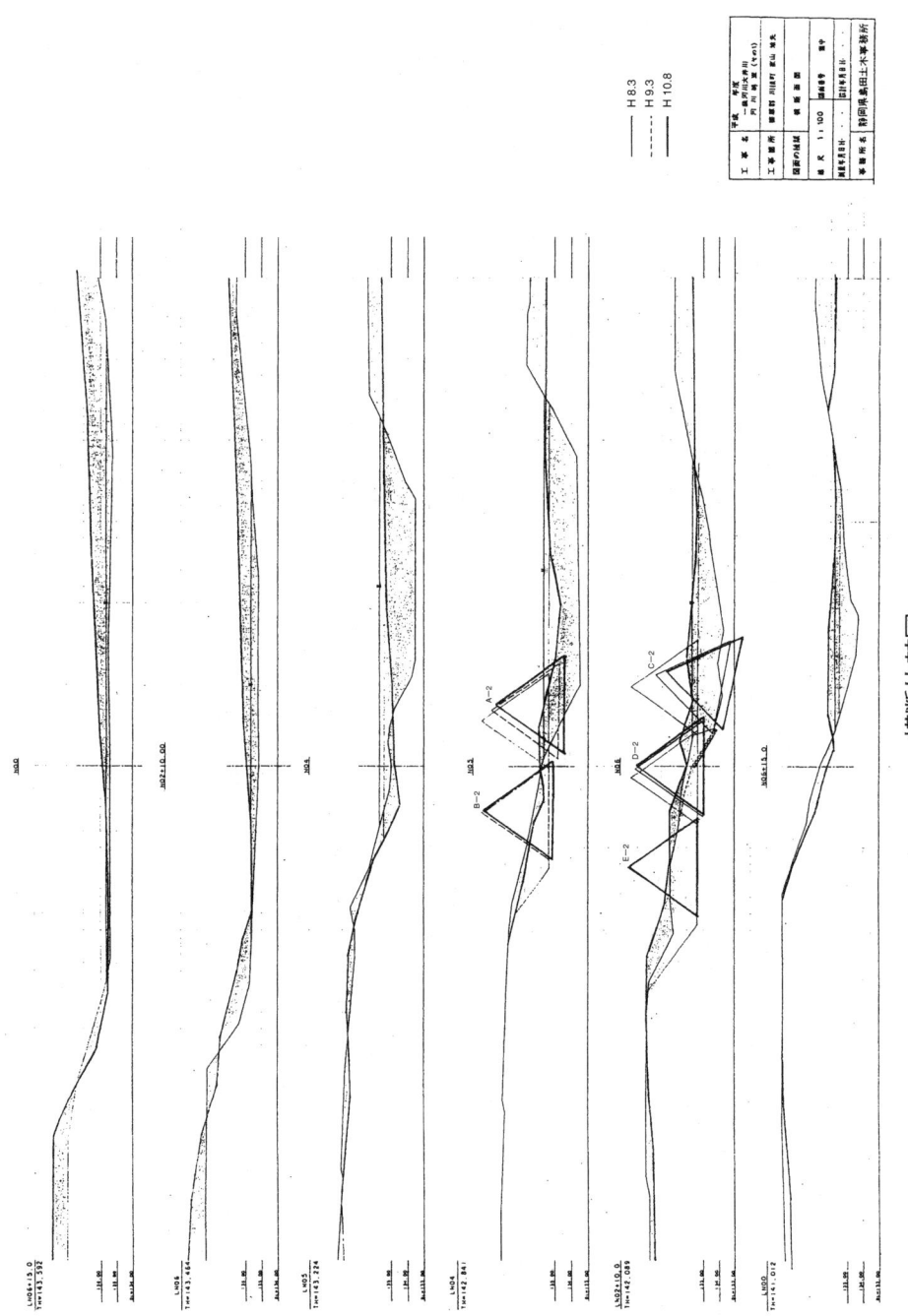

170　第2章　伝統的河川工法の検証

横断比較図

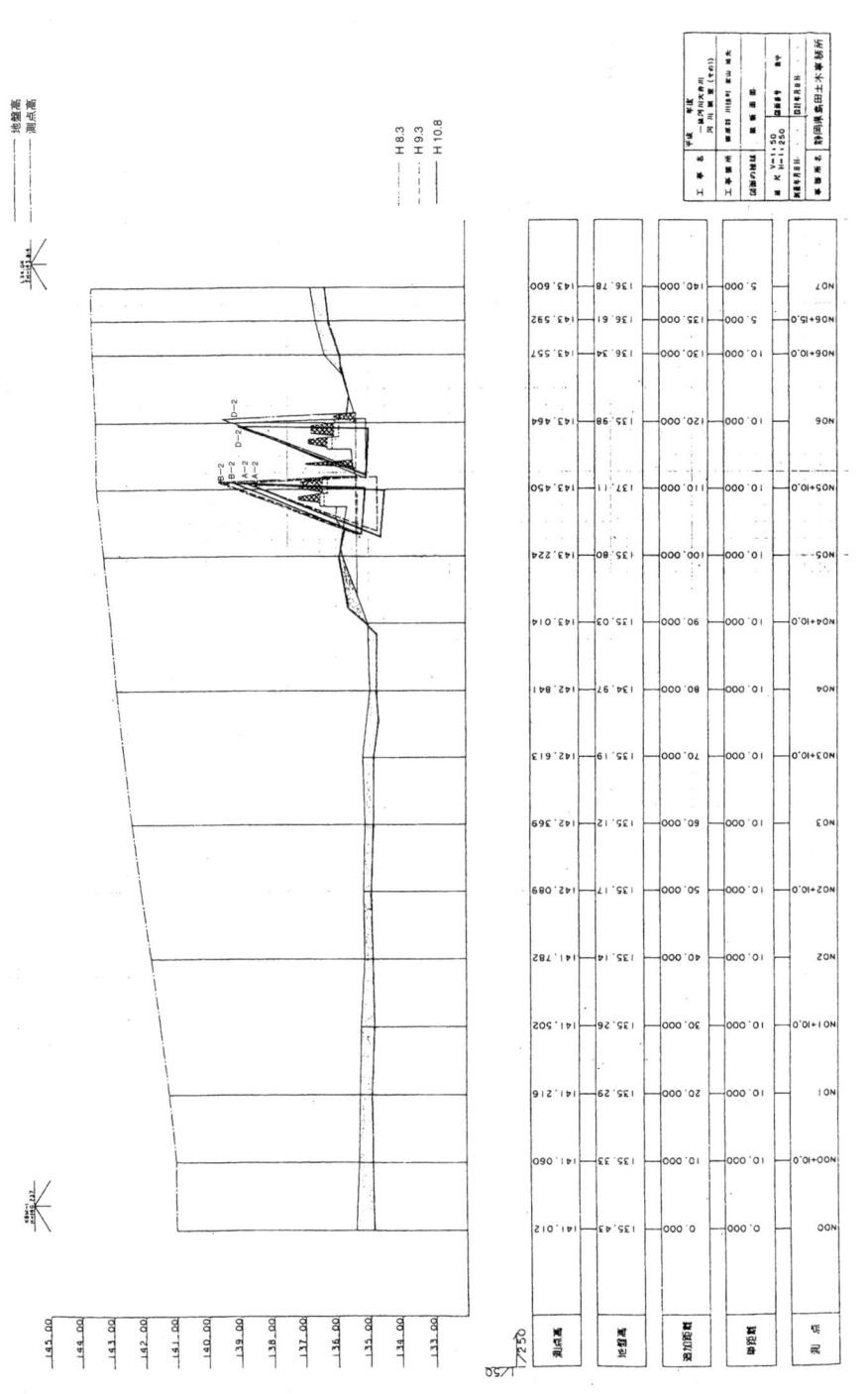

2. 大聖牛設置の追跡調査－Ⅱ　171

縦断比較図

33.8k

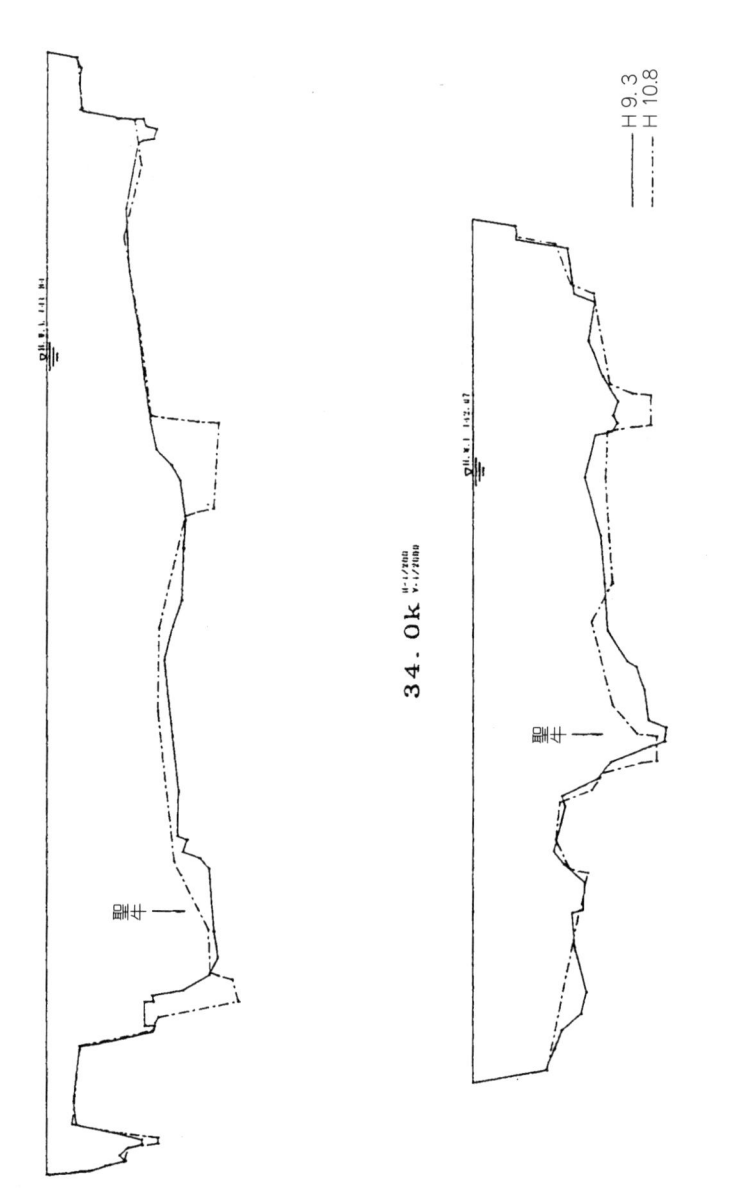

34.0k

―― H 9.3
―・― H 10.8

重心移動図

2. 大聖牛設置の追跡調査-II

現地調査比較表（家山工区）

```
        4  1
           2   ← 流水方向
        5
           3
      護岸
```

聖牛名称		大聖牛	
設置年月		平成8年3月	
調査回		1回目（前回）	2回目（今回）
調査年月		平成8年12月	平成11年2月
経過年		9ヶ月後	36ヶ月後（3年後）
設置状況	設置群	1群	1群
	基数	5基	5基
	前列	3基	3基
	後列	2基	2基
地形特性	河床材料	玉石、砂利	玉石が多いが、聖牛後方ではサラサラした土砂がある
	地形状況	下流部では砂利運搬のために仮設道路が設置されている。	下流部では砂利運搬のために仮設道路が設置されている。
水筋	聖牛上流	上流の駿遠橋のピアで分岐し、聖牛の上流20～30m位から合流している	上流の駿遠橋のピア付近より、聖牛方向に向かって流下する
	聖牛付近	NO.1, 2, 4付近が水に浸かっている状態で、聖牛のほぼ中央付近が水際となっている。	聖牛のすぐ脇を流下
	聖牛下流	1本の水筋となり、左岸の護岸付近を流下する	左岸の護岸付近を流下する
損傷状況	NO.1	川側に傾き沈下しているが、損傷そのものは特に見受けられない	さらに沈下がすすみ、聖牛の半分ほどまで水没している
	NO.2	やや川側に傾いているが、損傷はない	流下物の付着が多い
	NO.3	損傷なし	損傷なし
	NO.4	やや川側に傾いているが、損傷はない	流下物の付着が多い
	NO.5	損傷なし	流下物の付着が多い

調査回		1回目（前回）	2回目（今回）
変形状況	NO.1	やや変形している	右に傾いている
	NO.2	変形していない	右に傾いている
	NO.3	変形していない	とくに変形なし
	NO.4	変形していない	右に傾いている
	NO.5	変形していない	とくに変形なし
流失状況	NO.1	なし	なし
	NO.2	なし	なし
	NO.3	なし	なし
	NO.4	なし	なし
	NO.5	なし	なし
物理環境	洗掘	NO.1の前面部は、流水の影響を直接受けるため、淵が形成されている。また、NO.4についても水深を保った状態である。	NO.1、NO.4付近の聖牛脇に洗掘がみられる
	堆積	聖牛の下流部では堆積した形跡がみられるが、仮設道路（土砂運搬路）が施工されたため、実際の堆積状況は定かではない。	聖牛の上下流で堆積がみられる他、聖牛自体も尻篭の付近まで埋もれている
	瀬・淵	河川そのものは直線区間ではあるが、水筋からすると聖牛付近が水衝部となり淵となっている。	聖牛脇では若干の淵的なものがみられる
生物	魚類	目視はできないが、生息可能な環境にある	目視はできないが、生息可能な環境にある
	植物	水際から護岸にかけて、やや繁茂している。	水際から護岸にかけて、やや繁茂している。
	昆虫類	目視はできないが、生息可能な環境にある	目視はできないが、生息可能な環境にある
	鳥類	目視はできないが、生息可能な環境にある	目視はできないが、生息可能な環境にある

2. 大聖牛設置の追跡調査-Ⅱ

大聖牛群（前3基、後2基）による水制の第出水後の堆積と草木、ゴミなどの付着状況：大井川家山

川側大聖牛2基の洗掘状況

洪水は出水規模により流向が絶えず変化するため、常に正対することはできない。また、大聖牛の建設は床均しした人工地盤の上につくられるので川央側は不等沈下を起こしやすい：大井川家山

大出水後におけるゴミ、草木の付着状況と河床の変化状況。凄まじい激流に耐えながらもよく砂利の堆積を促し、頭部のカンザシは飛ばされて著しく変形するものの崩壊には至っていない。

それにしても聖牛全体を覆い隠すほどの流下物であり、ビニール、看板、線類などゴミ類もかなり多い。

洗掘された箇所には、微粒の土砂と水が貯まり止水域がなかった大井川に小魚の姿が見られる。その魚にとっては、草木の流送物はゴミではなく、エサやネグラとなる：大井川家山

2. 大聖牛設置の追跡調査-Ⅱ　177

【参考】

(1) 笛吹川「川中島水制」

— 山梨県石和町に設置された中聖牛群 —

中聖牛38基、合掌枠水制1基が設置されている。

出水後の中聖牛の状況　　　　　　出水後の合掌枠水制の状況

　伝統的河川工法は、単なる河岸整備手法ではない。「河相」に応じて種々の工法を組み合わせて洪水をなだめ、流域全体を見通した治水戦略であり、この地のように水制工を利用して将来的に生態系全体の保全を目標としたワンドづくりの一環として考慮されていることは、極めて好ましいといえる。

(2) 一級河川大井川河川災害

― 河床洗掘を伝統的河川工法「大聖牛」で防止 ―

1．位　　　置：静岡県榛原郡中川根町平谷地先
2．河 川 名：一級河川大井川水系大井川
3．被災年月日および異常気象名：平成10年8月27日〜9月1日の豪雨
4．地域の概要

　「箱根八里は馬でも越すが、越すに越されぬ大井川」とうたわれ、昔から多くの人が大洪水によって苦しめられてきた大井川は、南アルプス（赤石山脈）の3,000m級の山々を源流にもつ、延長160km、流域面積1,280km^{2}の一級河川である。大井川流域にもたらされる降雨はいくつものダムや発電所を経て、最終的に工業用水、農業用水、生活用水に利用され、4市10町、約58万4千人の生活の基盤となっている。

　今回被災した中川根町は大井川の中流に位置し、全国的に名高い「川根茶」の産地で、大井川沿いを走るSLは観光名所となっている。

5．被災の状況

　平成10年8月27日夜から降り始めた雨は、島田土木事務所管内の本川根雨量観測所において最大時間雨量58mm、6時間最大雨量182mmを記録し、9月1日までの6日間

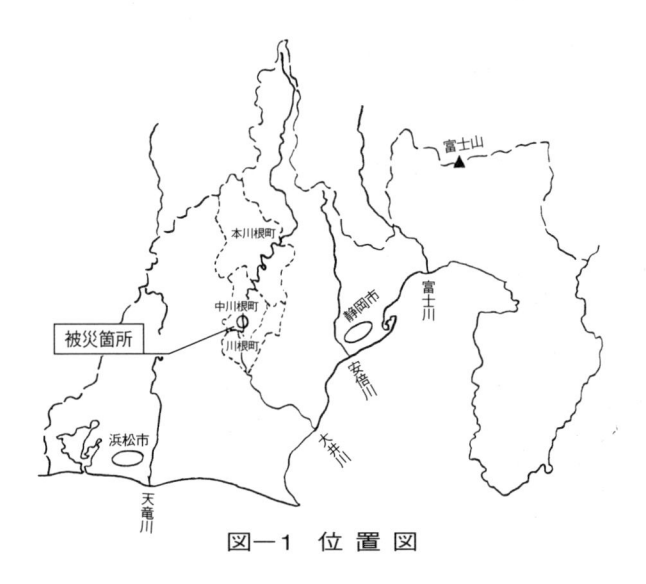

図―1　位　置　図

2．大聖牛設置の追跡調査－Ⅱ　　*179*

写真－1　被災箇所全景

で計303mmに達した。この豪雨による出水（写真－2）で当事務所管内の大井川では6箇所で護岸決壊等の被害を受けた。

被災箇所は、大井川48.0km地点の右岸で緩やかに湾曲した水裏部にあたり、平水時のみお筋は川の中央より左岸付近にある。既設の護岸は鉄線蛇篭（φ60cm、sl＝8.00m）であり、今回の出水により延長L＝335mにわたって被災した。

今回の被災の発生原因および被災状況については、洪水時のみお筋の急激な変化により流心が右岸護岸付近に移行したため、洪水流に含まれる転石等により既設護岸である蛇篭の鉄線が損傷し、詰石が流失した。さらに河床洗掘により蛇篭が下方向にずり落ち（写真－3～6）、無防備となった護岸の一部が浸食されたものである（写真－7）。

6．復旧工法

復旧工法の選定においては、まず護岸については「美しい山河を守る災害復旧基本方針」により設計流速を算出した結果から、被災水位より下側については石張工、上側についてはかごマット工（スロープ式）とした。また、被災原因となった河床洗掘への対策を2つのケースで検討した。

〈ケース1〉根固工

　　　出水に対して河床洗掘を防止するため、復旧区間に根固工（標準ブロック、8t×4列）を施工する。

〈ケース2〉水制工

　　　河床洗堀の要因である洪水流の主流を護岸付近から逸らすため、複数の水制工を施工する。

写真ー2　出水状況

写真ー3　被災状況（測点 22.00）

写真ー4　被災状況（測点 50.00）

写真ー5　被災状況（測点 120.00）

写真ー6　被災状況（測点 200.00）

写真ー7　被災状況（測点 220.00）

　ケース1は洪水が護岸付近を流下することを許容するが、河床洗掘を防止する工法であり、一方ケース2は洪水流を護岸から逸らし、河床洗掘を起こす要因をつくらせない工法である。いわば、前者が受動的対策、後者が能動的対策といえる。
　以上を検討の結果、施工性、経済性を考慮するとケース2の水制工が適当であると

の結論に達し、水制工種の選択のため以下の3案について検討を行った(**表－1**)。

〈案－1〉　石張水制工

この工法は護岸の石張工と同じ構造で、護岸と一体となった水制として機能を期待できる。施工性や経済性は良いが屈撓性がないため、局所洗掘が生じた場合に再度被災する可能性が残る。

〈案－2〉　ブロック水制工

この工法は高水敷等でブロック製作後、現場に据付けるもので、ブロック自体の強度耐久性に優れており、施工性・経済性も良い。しかし、親水性に欠け、周囲の景観と調和しないことなど「コンクリートの見えない川づくり」に相反するものとなる。

〈案－3〉　大聖牛工

この工法は大井川で伝統的に行われてきた工法の一つで、屈撓性があるため大井川のような河床変化の激しい箇所に適した工法である。材料は主に杉丸太と蛇籠であることから周囲の景観に馴染み、自然に近い川への再生が可能である。

案－1、案－2は水制工の配置間隔を検討するとともに、復旧延長L＝335.0mに対してそれぞれ5基(水制間隔L＝80.0m)必要であるのに対して、案－3は大聖牛自身の周囲に起こる堆積などの影響範囲は100m程度あることから、復旧延長L＝335.0mに対しては3組で済むことになる。

以上を総合的に判断すると、構造物の強度、耐久性でもっとも優れているコンクリートブロック水制よりも経済性、親水性、景観などに優れている大聖牛が大井川でのもっとも適した復旧工法であるとの結論に達し、採択された。

7．復旧工事概要

復旧延長	L＝335.0m
石　張　工（練）	L＝335.0m
	A＝3,472m²
かごマット工	L＝330.0m
	A＝1,171m²
大　聖　牛（5基／1組）	3組
取　合　工	L＝5.0m

表－1　対策工比較表

案番号	〈案－1〉 石張り水制工	〈案－2〉 六脚ブロック工	〈案－3〉 大聖牛工
断面図	（図）	（図）	（図）
断面図（説明）	（長所） ・強度に優れ、施工性が良い。 ・経済性が良い。 （短所） ・屈撓性に欠け、局所洗掘で再度被災の可能性有り。	（長所） ・強度、耐久性に優れ、施工性が良い。 ・屈撓性があるため、河床変化への順応性が高い。 （短所） ・親水性に欠け、周囲の景観と調和しない。	（長所） ・屈撓性があるため、河床変化への順応性が高い。 ・周囲の景観に馴染み、親水性が高い。 （短所） ・資材の入手難、技術者、職人の不足
概算工事費（直接工事費）	石張り　3,100千円 栗　石　520　〃 基礎工　300　〃 計＝3,950千円/基	製作工　4,000千円 据付工　440　〃 計＝4,440千円/（40個/組）	大聖牛　4,320千円 連結木　20　〃 計＝4,340千円/（5基/組）
強度	◎	◎	△
耐久性	○	◎	△
屈撓性	×	◎	◎
景観	△	△	◎
親水性	△	×	◎
施工性	◎	○	○
経済性	◎	○	○
総合評価	△	○	◎

2. 大聖牛設置の追跡調査−II　183

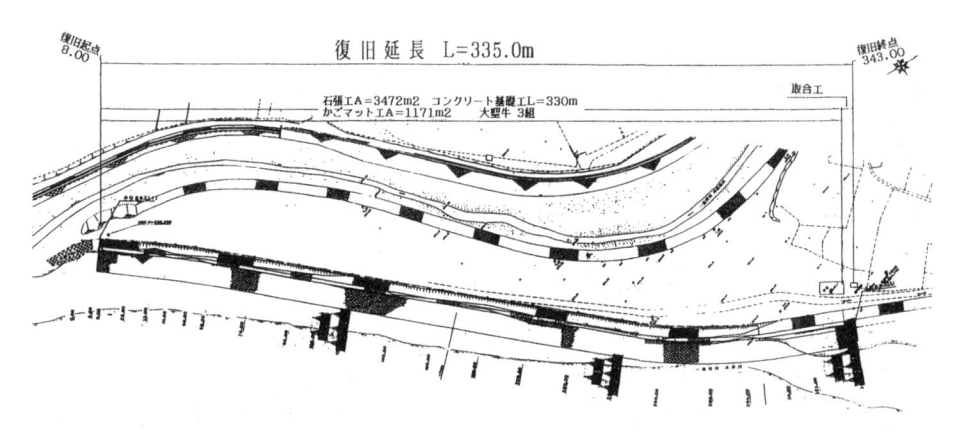

図−2　平面図

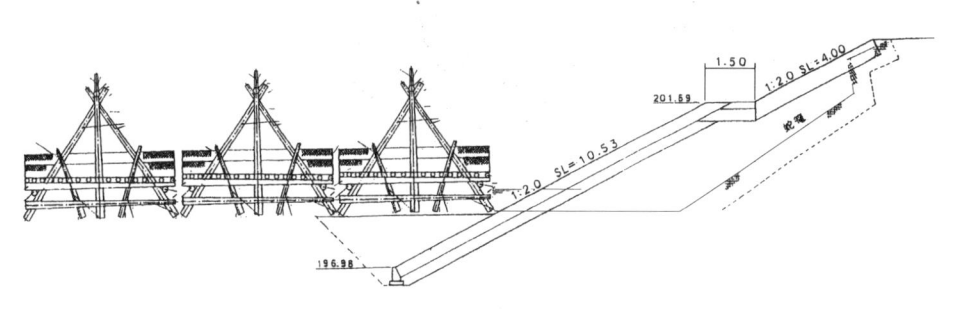

図−3　横断図

施工状況

184   第2章　伝統的河川工法の検証

完　成

大聖牛設置の追跡調査－Ⅲ

■概　要■

　追跡調査－Ⅰでは、はじめて施工するモデルとしてやや根固め的性格が強く、大聖牛の単体および前列2基、後列1基の1群3基について大聖牛自体の変位、移動および周辺の侵食、堆積状況について調査した。

　追跡調査－Ⅱでは、平成6年の台風26号による出水を主な対象に、かつての大井川の治水の歴史を参考に、前列3基、後列2基の5基1群の汎用代表工法である大聖牛1群について、それぞれの挙動および河相についての応答特性を検証した。

　今回の追跡調査は、大井川本来の目的である水制として活用された治水戦略を再現し、次の2工区に設置した聖牛のその後の状況を追跡した。

　田野口工区：静岡県榛原郡中川根町田野口地先／大井川右岸（河口より48km付近）

　　　　　　第1・第2聖牛群……前列3基、後列2基
　　　　　　第3聖牛群…………前列2基、後列1基
　　　　　注）現在、第1聖牛群の下流に災害復旧事業により新たに1群を設置中である。また、第3群を3基としたのは、本工区が水衝部であり、流木等による損傷を受けやすい地形のため、それらを避ける目的で設置した。

　平谷工区：静岡県榛原郡中川根町平谷地先／大井川左岸（河口より52.7km付近）

　　　　　　第1～第4聖牛群……前列3基、後列2基

　合計7群33基の聖牛を対象に、それぞれの1群内での挙動および河床変動、2群または4群設置した場合の相互の河床変動、水流筋の変化など、水制工による川筋全体の広範囲な河相応答特性の解析を目指している。

■調査項目■

① 大聖牛を設置した付近および全体の河床変動状況
② 大聖牛の移動量および移動方向
③ 大聖牛群の設置に伴う水流筋（河道）の変動と対岸への影響

　なお、5基1群を何群か組み合わせた水制は、今後の大井川の標準工法になる可能性が強い。その場合、各水制群をどの位の間隔で配置すればよいのかが最も重要な検証項目になる。

　この調査は、大出水の規模により今後も継続される見込みであるため、詳細なデータ

解析は後日に譲り、当面約1年間の小出水による変状を図示するにとどめ、考察についても敢えて削除した。特に、大井川では砂利採取や河川工事などにより人為的に水流筋や河床が変動させられることが多いため、長期の継続した調査による検証を待ちたい。

また、こうした水制が多数設置された場合、特に河積狭少断面においては堆積、樹木の繁茂などによる洪水流速、河道流過能力の変化、あるいは水質、植生や生態系などの水辺環境の推移についても調査データを蓄積し、治水的に安全な工法の検討はもとより、生物的視点からより一層自然らしい川の再生に心掛ける必要があるだろう。

■田野口工区の追跡調査■
◆河道全体での水流変化、土砂の移動状況
(1) 全幅横断の比較（図－2～図－4）
  ① No.1（12年3月、12年12月の測量結果の比較）
   ・最下流の聖牛より40m程度下流の断面である。
   ・設置箇所付近については従来から水衝部にあたり、水筋、深掘れ等が生じている箇所である。
   ・左岸（Aの部分）の12年3月と比較して、洗掘深1.2m、洗掘幅65m
   ・大井川中心寄り（Bの部分）は12年3月と比較して、洗掘深1.0m、洗掘幅60m
   ・大井川中心寄りの部分（C）は堆積厚70cm、堆積幅20m
   ・右岸（Dの部分）は洗掘深70cm、洗掘幅40m
  ② 52K80（12年3月、12年12月の測量結果の比較）
   ・11年3月時点の左岸付近の水筋（最低河床高を有している箇所）が大井川中心寄りへ40m程度寄った。（A→B）
   ・中徳橋上流部において砂利採取事業による掘削、本工区下流側の災害復旧事業による水替え等があり、河床変動に伴い正確な水筋の変化を把握することは困難な状況である。

図−1 設置位置図

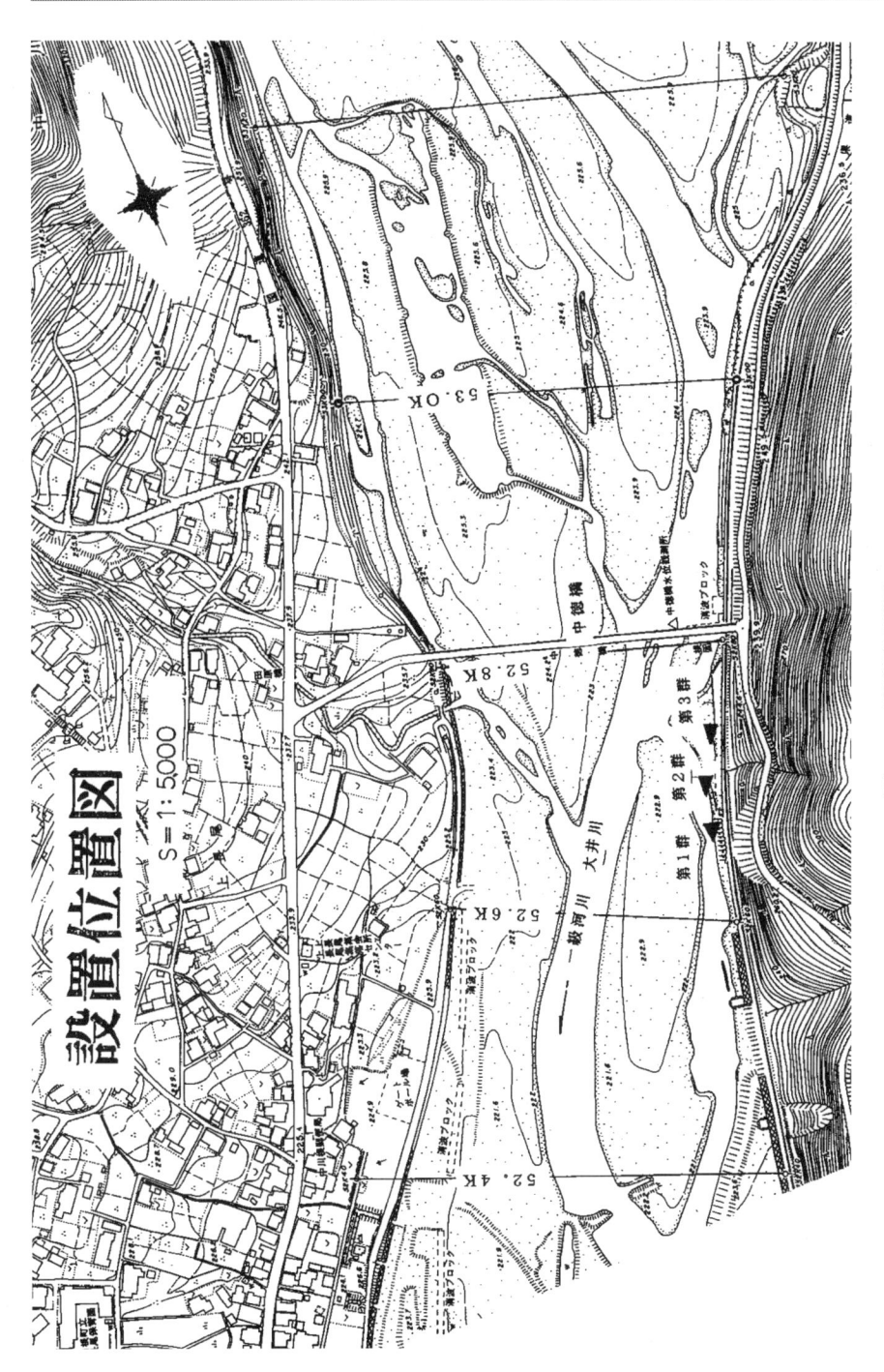

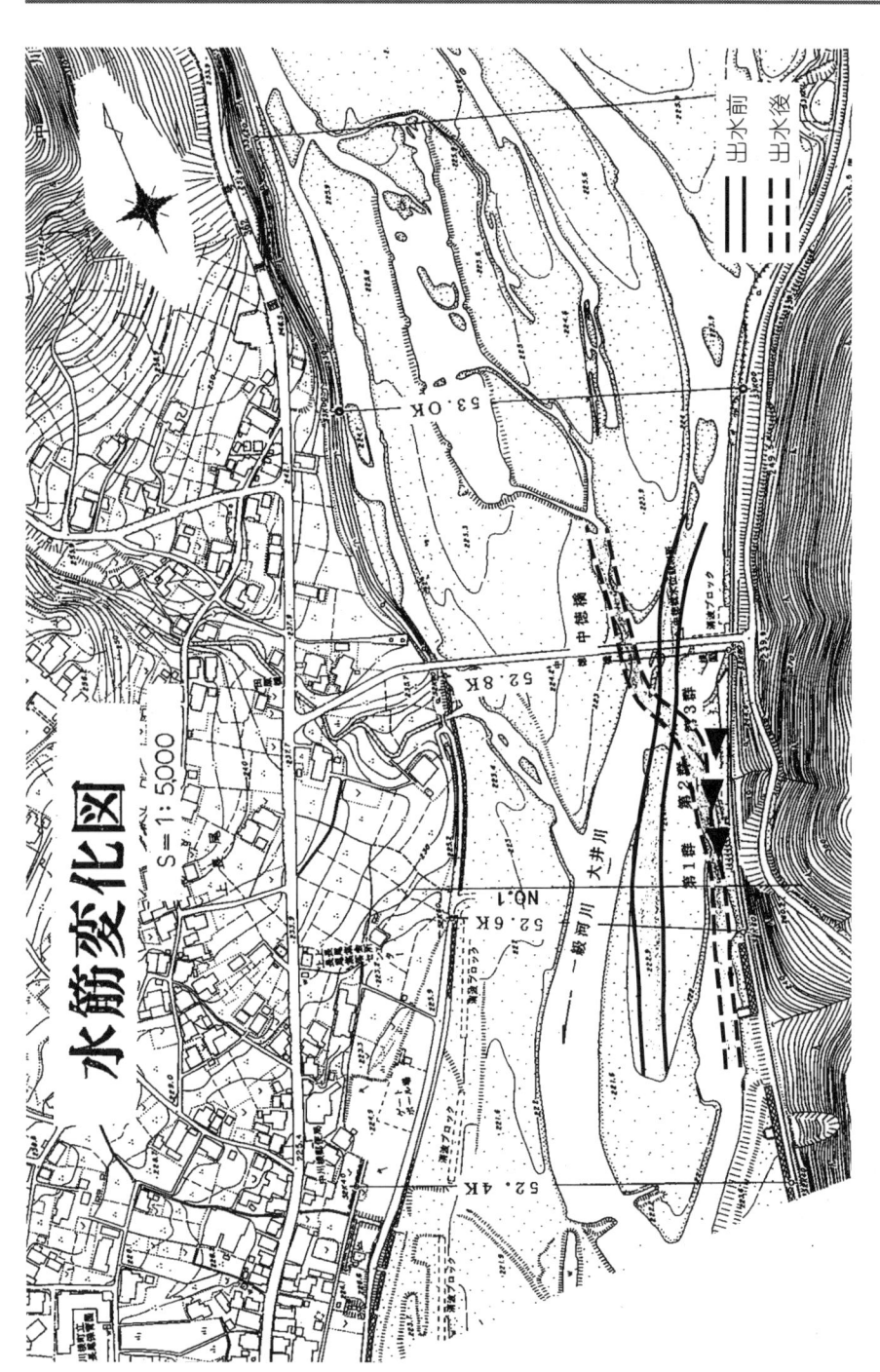

188   第2章　伝統的河川工法の検証

図—2　水筋変化図

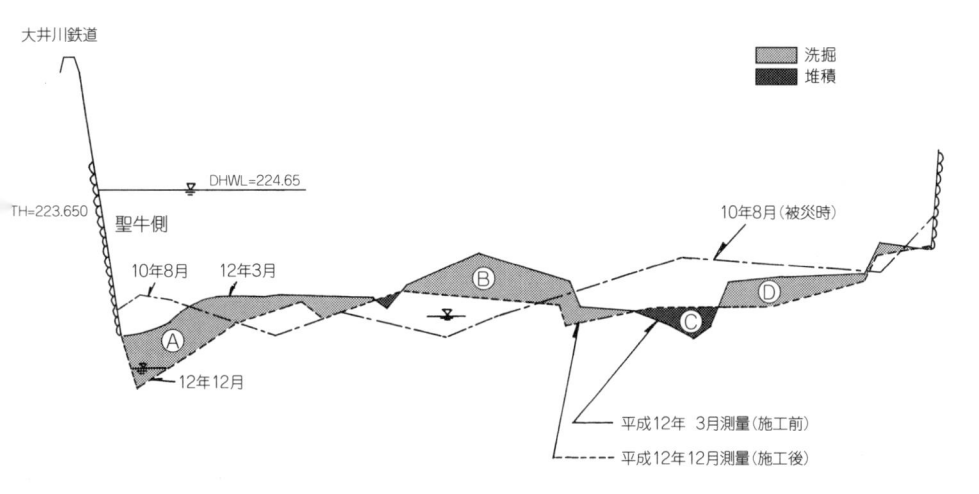

図—3　土砂の移動状況（No. 1）

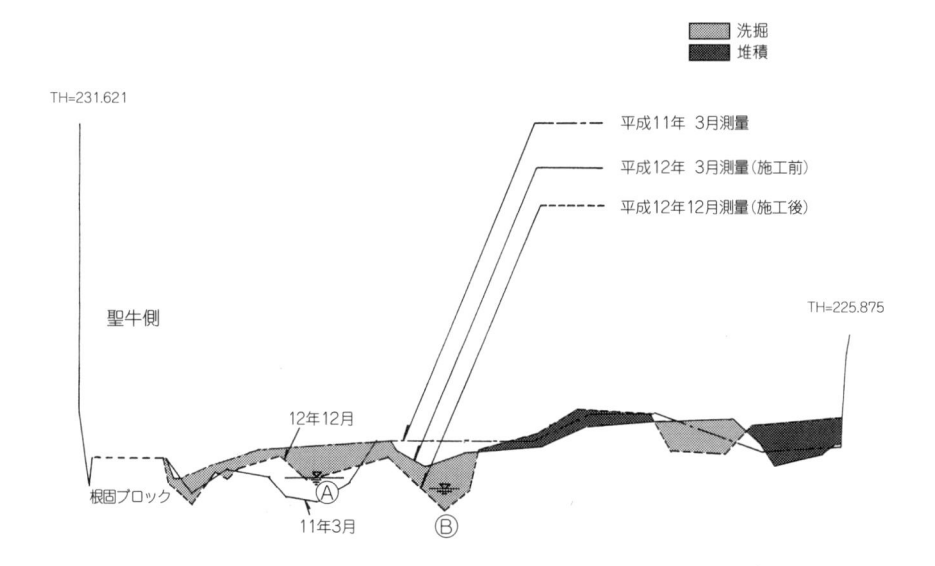

図—4　土砂の移動状況（52K80）

【比較検証】

測量成果の比較表(表ー1)を参照して、出水による状況変化を調べる。

(2) 堆積、洗掘の分布図の比較(図ー5)

① 第3群聖牛上流(Aの部分)に洗掘厚1m以上で水筋、本流の通った形跡が見受けられる。

現況：中徳橋下流(左岸)は従来から水衝部であり、岩の露出した天然河岸を根固ブロック、六脚ブロックで河岸侵食防止を図っている。聖牛設置後も聖牛付近で1m程度の洗掘が測定されており、水衝部であることに変化はない。

効果：水衝部であることに変わりはないが、聖牛設置後、左岸河岸と聖牛の間に大井川縦断方向に細帯状の堆積が見られることから、聖牛まわりの河床の安定が図られていると推測できる。

② 第1群、第2群聖牛付近(B, C, Dの部分)に1.0m程度堆積している。

現況：• 左岸の河岸部は、自然河岸、擁壁、野面石積である。
• 第3群聖牛付近で水筋は左岸河岸に最も近接し、第2群上流付近で大井川中心方向へ向きを変えている。
• 第1群聖牛下流25mの位置に野面石積の巻き込み部が張り出した形で設置されている。

効果：• 第2群護岸側、第1群護岸側、中央部に1m未満の堆積を生じていることから、第3群聖牛による「水はね効果」があり、河岸沿いの河床の安定

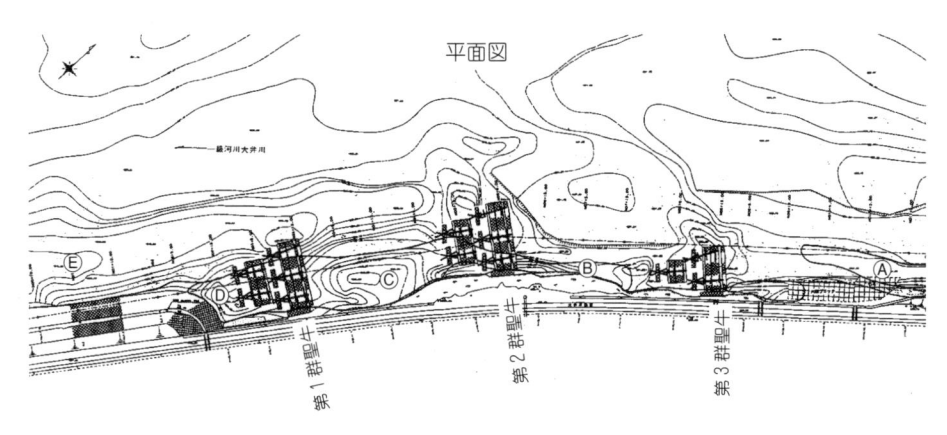

図ー5 堆積、洗掘の分布図
榛原郡中川根町田野口 (S＝1：500)

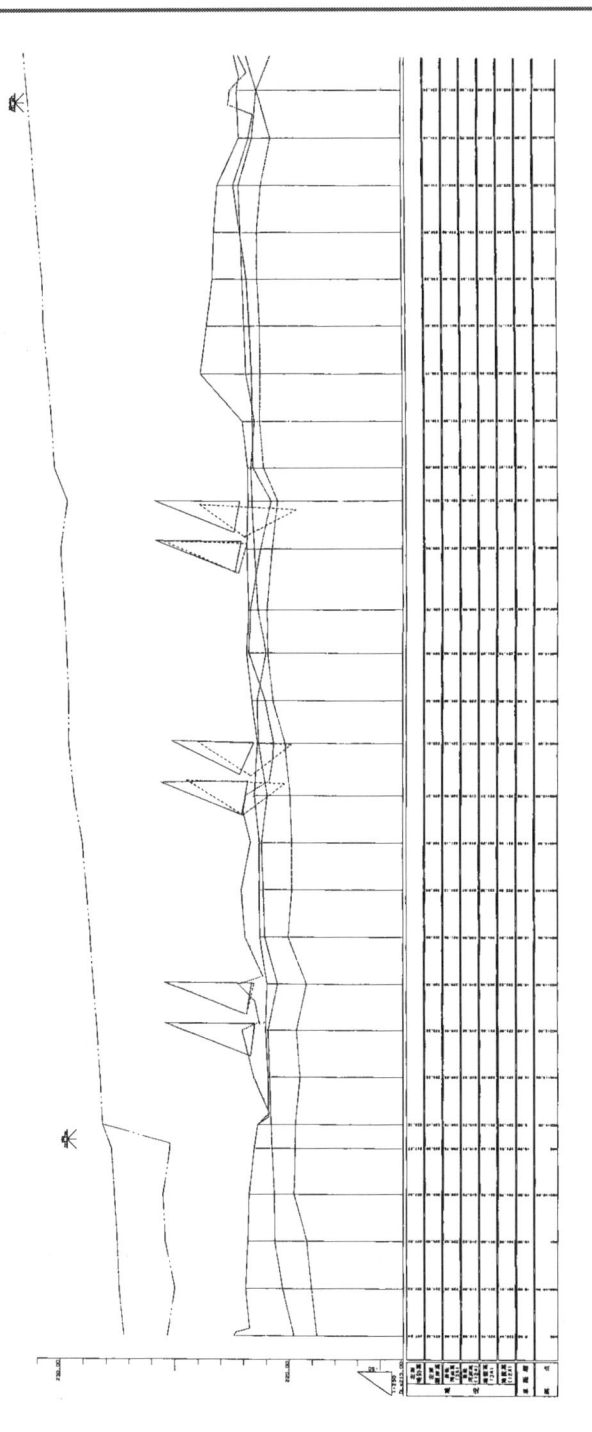

図-6 堆積、洗掘縦断面図

　　　　が図られていることが推測される。
　　　　・第3群および第2群の前列の河川側、中央部、第1群の前列の河川側の聖牛が大井川中央寄りに傾倒しているが、すべての聖牛群の河岸寄りは傾倒、沈下といった挙動が見られず、堆積の傾向があることから、聖牛群の大井川中心寄りでの「水はね効果」と河岸沿いの流速低減等による河床の安定効果が生じていることが推測される。
　③ 検証：被災時（平成10年8月）と出水後（平成12年12月）の河床の状況を比較すると、第1群で2mの堆積（図－9）、第2群で1mの堆積（図－8）が観測され、河岸付近での河床の安定が図られたことが検証できる。
(3) 縦断面図の比較（図－6）
　① 現況：聖牛を設置した大井川法線方向の縦断図を見ると、聖牛設置時と比較して第2群聖牛より上流は洗掘、下流は堆積の状況である。
　② 現況から推測される聖牛の効果：
　　　　・今回の聖牛の設置により、第2群から下流側に期待した護岸前面の河床の安定が図られたことが縦断図から推測される。
　　　　・なお、最上流部の第3群は、「流木避け」を目的に3基1群で設置されているため、下流の2群の5基1群で形成しているものと比較して、下流側の河床の安定効果が低い様子が洗掘の状況から推測される。
(4) 聖牛前列の断面図、躯体の動きの比較
　① 第3群聖牛（最上流）について（図－7）
　　　・本工区は大井川本川の水衝部にあたり、その最前列にある聖牛群であるので、洪水流の影響を最も受ける場所に位置していると考えられ、現状として、沈下、傾倒の度合いが他群と比較して一番大きい。
　　　・断面図のように、大井川中心側に1.4m程度傾倒しており、あわせて2.0m程度沈下している。
　　　・他と比較して群の規模が小さいためか、聖牛群の下流側に顕著な堆積効果は確認できない。
　　　・前列川側の聖牛が、出水後1.0m程度河床の下に沈下している。傾倒のみの他の聖牛と違い、傾倒した後1.0m程度の堆積がみられることから、洪水流による河床変動の影響があったことが想定できる。
　② 第2群聖牛（中間部）について（図－8）

- 河川側の聖牛が2.5m以上洗掘している。第2群上流に位置する群が他と比較して小規模であったため、第3群と2群の間の河岸の安定の効果が薄いか、もしくは水衝部であり、洪水流の流体力が大きいため設置された聖牛の規模では十分な河床の安定効果が得られないということが、2〜3群間の河床の低下傾向および、前列河川側の聖牛の沈下状況から推定できる。
- 前列河川側の聖牛の挙動と比較し、河岸側の聖牛にほとんど動きがみられないこと、および平成10年8月の被災時と比較し、1.5m程度の土砂堆積が図られていることから、河岸付近での河床の安定は図られているといえる。

③ 第1群聖牛(最下流)について (図−9)
- 前列河川側の聖牛は大井川中心側へ傾倒したが、他の聖牛の動きは少なく安定している。
- 被災時の10年8月の測量時点では、前列中央、護岸側の聖牛付近は1.2m程度の洗掘を受けており、しかも擁壁基礎に直接洪水流を受けていたが、今回の聖牛設置により河岸沿いの河床の安定が図られ、河岸の侵食防止につながっていることが想定できる。

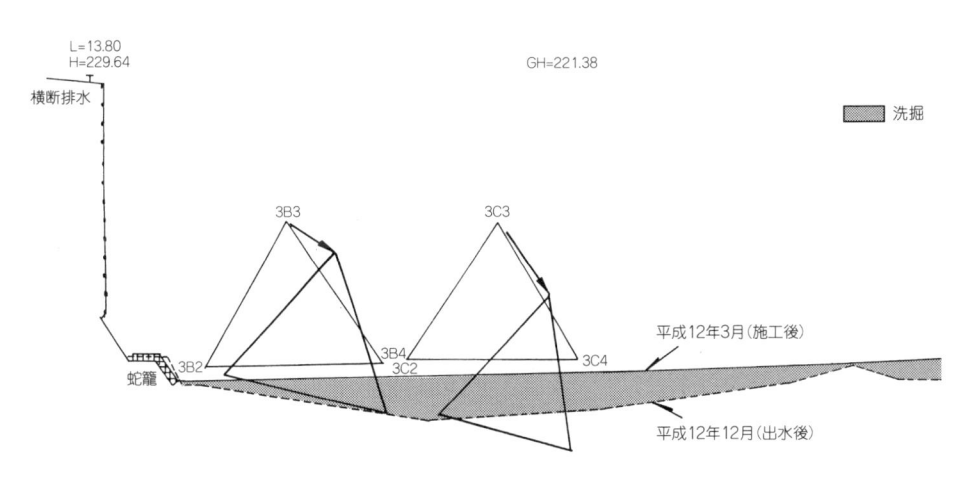

図−7　第3群聖牛前列 (No.8 + 18.00)

出水により2m以上河床低下があり聖牛が沈下し、その上にさらに1.0m以上の堆積をした。しかも最上流であり、傾倒、沈下の度合いが激しい。

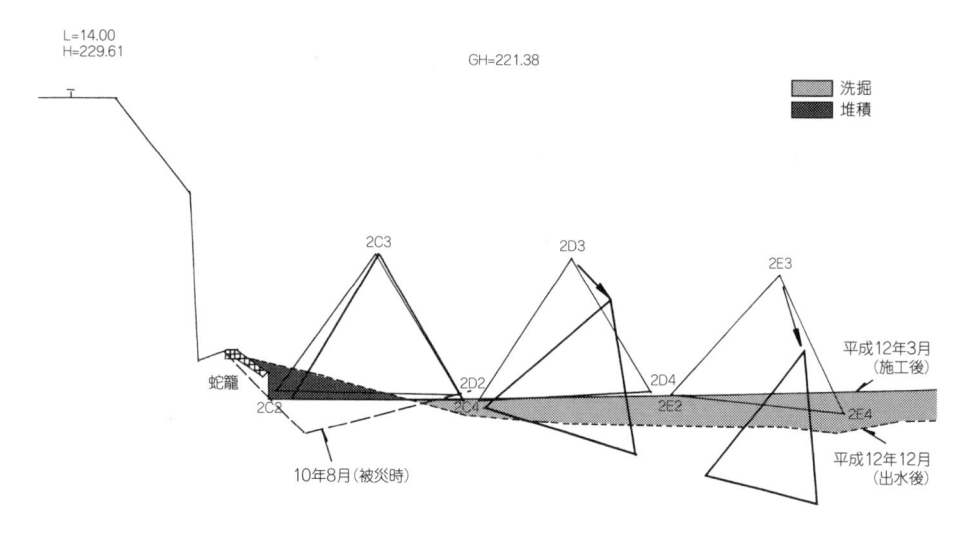

図―8　第2群聖牛前列（No.6＋6.00）

　出水により2.5m以上河床低下があり、前列中央および河川側の聖牛が沈下し、その上にさらに2.0m以上の堆積をしている。大井川中心側のB、Dの聖牛の傾倒、洗掘が激しいが、護岸側のCの聖牛は安定し、堆積もみられる。

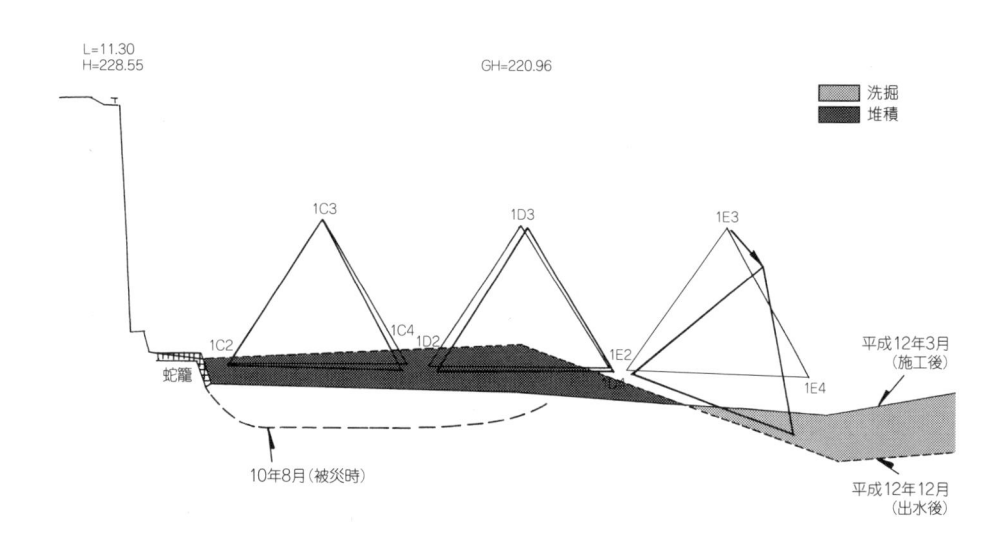

図―9　第1群聖牛前列（No.3＋15.00）

　出水により大井川中心寄りに1.5m以止の河床低下があり、最も河川中央寄りの聖牛が沈下した。前列護岸側および中央のC、Dの聖牛は安定し、1m程の堆積もみられる。

表—1 測量成果の比較（出水前と出水後の比較）

	第 3 群	第 2 群	第 1 群
堆積、洗掘の分布図の比較	**堆 積** ・大聖牛上流左側（標岸側、大聖ブロック下流）に幅4.0m程度の縦幅で状の堆積がある。 **洗 掘** ・全体的に施工時と比較し、1.0m以上の洗掘がある。	**堆 積** ・No.6～No.7+15の間（第3群から第2群にかけて）、標岸側に幅3.0m程度の縦幅で状の1.0m未満の堆積がある。 **洗 掘** ・標岸付近以外は全体的に施工時と比較し、1.0m未満の洗掘がある。	**堆 積** ・No.3～No.5付近（聖牛の上下流）標岸側に幅12m程度、厚さ1.0m未満の堆積がある。 **洗 掘** ・1.0m未満の洗掘が全体的に広がっている。
縦断比較図	No.10+5において施工時と比較し、H＝2.1m程度、洗掘された。施工時の河床高が周辺より1.5m程度高く、消波時の盛土が残っていたと思われる。 ・最低河床も施工時と比較し、0.2～1.0m程度全体的に低下している。	・No.8+6、前列の聖牛前面において0.7m程度洗掘されている。 ・聖牛前列（D）より上流に20m、下流に10m程度、洗掘があるものの、最低河床は施工時と比較し厚70cm程度縦断的に続く。	第2群後列の聖牛（B）から第1群の聖牛にかけて、H＝0.1～1.0m程度洗掘の堆積がある。 ・聖牛（第1群、第2群）前後列の標岸寄りは堆積の傾向にあるものの、最低河床は施工時と比較し、全体的にH＝1.2m程度の低下である。
横断比較図	No.8+8.00（後列） ・水衝部であり、全体的に下流側へ30cm程度移動した。 ・聖牛下が洗掘を受け、0.5m程度沈下した。 No.8+18.00（前列） ・大井川中心寄り屈曲へ洗掘を受け、それに伴い大井川中心方向へ1.4m程度移動し、1.3～2.5m程度沈下した。	No.5+15.00（後列）（B） ・尻尾付近は、下流側へ動きはほとんどない。 ・聖牛下が洗掘を受け、0.8m程度沈下した。 No.6+6.00（前列）（E） ・大井川中心寄り屈曲へ洗掘を受け、それに伴い大井川中心方向へ0.8m程度移動し、2.0～2.5m程度沈下した。標岸側の聖牛の動きはわずかない。	No.3+5.00（後列） ・ほとんど動きはない。 No.3+15.00（前列）（E） ・大井川中心寄り屈曲へ洗掘を受け、それに伴い大井川中心方向へ1.0m程度移動し、0.2～1.5m程度沈下した。中央、標岸側の聖牛の動きはわずかである。
聖牛比較図	聖牛の動き ・大井川中心寄り前列の聖牛（C）は、大井川中心方向へ1.5m程度移動し、下流側へ60cm程度移動した。 ・標岸側聖牛（B）は、大井川中心方向へ1.3m程度移動し、下流の移動はほとんどない。	聖牛の動き ・大井川中心寄り後列の聖牛（B）は、大井川中心方向へ80cm程度移動し、上流側へ50cm程度移動した。 ・大井川中心寄り前列の聖牛（E）は、大井川中心方向へ70cm程度移動し、下流側へ60cm程度移動した。	聖牛の動き ・大井川中心寄り前列の聖牛（E）は、大井川中心方向へ1.0m程度移動し、上流側へ30cm程度移動した。 ・他の聖牛（A、B、C、D）には、大きな動きは見られない。

(5) 設置前後の河床材について
　① 現地調査比較表のように、玉石、砂利の出水前の状況より出水後聖牛による流速の低下に伴い、他の水筋と比較して粒度の細かい土砂が聖牛本体、下流に見られる状態になった。
　② これは洪水が引く時に、聖牛周辺では河道内の他の箇所と比較し、比較的流速が遅くなることが想定される。
　③ 副次的な効果として、聖牛の群の中や周辺部には洪水後に植生が復元しやすい状況となっている。

【調査結果】
(1) 水制としての聖牛の効果について
　① 平面測量の結果から、聖牛の効果としては最上流部の第4群が「水はね効果」をもたらしたことが推測されるが、一般的な水制の特徴にも見受けられるような水制まわりの局所洗掘が一部見受けられた。
　② 縦断測量および横断測量の結果から、当初の聖牛の設置目的とした護岸前面の河床の安定、護岸前面での洪水流速の減少および過剰な洗掘が防止されている。
　③ 水制設置による横断的な河道の堆積、洗掘および対岸への影響については、施工後、本箇所周辺で砂利採取の工事が実施されたこともあり、正確な河道の挙動については不明である。
(2) 木材を用いた聖牛の効果について
　　木材と石材を組み合わせた構造であるので、河床の変動に柔軟に対応た挙動をしていることがわる。コンクリート製の不透過性水制を用いた場合、水制まわりの洗掘により設置した施設が破壊されるなどの懸念が生じるが、聖牛年ついては重大な破壊には至らないことが見受けられる。
(3) 今後の検討事項
　① 水制による洪水流の挙動
　　　聖牛を設置したことによる水筋の変化、洪水流の変化による対岸への影響について、今後の観測等により検討を行う必要があると思われる。
　② 経年変化による材料強度
　　　大井川における聖牛の設置は平成5年度から継続されているが、その材料強度の変化による構造物の安定性については、今後の継続的な観測が必要と思われる。

表－2　現地調査比較表：第1群聖牛(田野口工区)

聖牛名称		大聖牛	
設置年月		平成12年2月	
調査回		1回目（出水前）	2回目（出水後）
調査年月		平成12年3月	平成12年12月
経過年		1ヶ月後	10ヶ月後
設置状況	設置群	1群	1群
	基数	5基	5基
	前列	3基	3基
	後列	2基	2基
地形特性	河床材料	玉石、砂利	玉石、砂利
	地形状況	下流にコンクリート製の水制がある。	全体的に1.0m未満の堆積である。
水筋	聖牛上流	全面に流れている。	Eの大井川中心側を流下していく。
	聖牛付近	B，Eの大井川中心側に30cm程度の浅い洗掘がある。	B，Eの大井川中心側を流下する。
	聖牛下流	全面に流れている。	聖牛下を流下し、下流のコンクリート製水制方向へ向かっている。
損傷状況	後列護岸側 A	損傷なし	特に損傷なし
	後列河川側 B	損傷なし	特に損傷なし
	前列護岸側 C	損傷なし 流下物の付着がある。	特に損傷なし
	前列中央 D	損傷なし 流下物の付着がある。	特に損傷なし 流下物の付着がある。
	前列河川側 E	損傷なし 大井川中心側に小出水により生じた30cm程度の浅い洗掘がある。	特に損傷はしていないが、流心方向に沈下している。

第1群

調　査　回		1回目（出水前）	2回目（出水後）
変形状況	A	変形していない。	変形していない。
	B	変形していない。	変形していない。
	C	変形していない。	変形していない。
	D	変形していない。	変形していない。
	E	変形していない。	変形はしていないが、洗掘により大井川中心方向へ傾く。
流失状況	A	なし	なし
	B	なし	なし
	C	なし	なし
	D	なし	なし
	E	なし	なし
物理環境	洗　掘	水衝部であり、洗掘を受けやすい箇所と想定できる。	Eの下が65cmの洗掘を受けている。
	堆　積	下流にコンクリート製水制があり堆積の可能性がある。	聖牛、上下流の護岸側は40cm程度の堆積である。
	瀬・淵	水衝部であるためB，Eの横に出水により水筋淵が出来ている。	B，Eの大井川中心側を瀬、淵を作りながら流下している。
生　物	魚　類	淵等もあり十分生育可能である。	瀬、淵が生じており、十分生育可能である。
	植　物	護岸部は練石張護岸のため、植生の可能性は低い。	護岸部は練石張護岸のため、植生の可能性は低いが、聖牛周辺及び護岸周辺に細かい堆積土があり、河床部の植生は期待できる。
	昆虫類	生育の可能性は低い。	護岸部は植生が期待できないため、昆虫類の生育も期待が薄いが、河床部は植生次第で期待できる。
	鳥　類	水衝部であり、水量は十分ある。	護岸部は植生が期待できないため、鳥類の生育も期待が薄いが、河床部は植生次第で期待できる。

※1　田野口工区は水衝部のため、9月時点では水量が多く、平板測量等を行うことができなかったため、12月時点に出水後の観測を行った。

※2　聖牛設置後から第1回の出水前の観測以前に小規模な出水があり、一部聖牛付近の洗掘や流下物の付着が見られる。

表―3 現地調査比較表：第2群聖牛(田野口工区)

聖牛名称		大聖牛	
設置年月		平成12年2月	
調査回		1回目（出水前）	2回目（出水後）
調査年月		平成12年3月	平成12年12月
経過年		1ヶ月後	10ヶ月後
設置状況	設置群	2群	2群
	基数	5基	5基
	前列	3基	3基
	後列	2基	2基
地形特性	河床材料	玉石、砂利	玉石、砂利
	地形状況	左岸には岩が露出しており、上流第3群より大井川中心側に聖牛を設置している。	上流第3群付近が水衝部となっており、全般的に洗掘されている状況である。
水筋	聖牛上流	護岸部沿いを流下している。	第3群付近で水筋が向きを大井川中心方向へ変え、D、Eの方向へ流下している。
	聖牛付近	前列大井川中心側（E）の部分に30cm程度の洗掘が見られる。	大井川中心側のB，Eの脇を流下している。
	聖牛下流	ゆるやかに全面に流下している。	第3群付近から大井川中心方向へ水筋が向きを変えてるので、河床は堆積の傾向にある。
損傷状況	後列護岸側 A	損傷なし	損傷なし
	後列河川側 B	損傷なし	特に損傷はないが、大井川中心方向へ沈下している。
	前列護岸側 C	損傷なし 流下物の付着が少しある。	特に損傷なし
	前列中央 D	損傷なし	特に損傷はないが、大井川中心方向へ沈下している。
	前列河川側 E	損傷なし 流下物の付着、深掘れが少しある。	特に損傷はないが、大井川中心方向へ傾き、沈下する。

第2群

調査回		1回目（出水前）	2回目（出水後）
変形状況	A	変形していない。	変形していない。
	B	変形していない。	変形はしていないが、少し大井川中心方向へ傾く。
	C	変形していない。	変形していない。
	D	変形していない。	変形はしていないが、大井川中心方向へ傾く。
	E	変形はしていないが、棟木の方向が少し大井川中心方向に向いている。	変形はしていないが、大井川中心方向へ傾く。
流失状況	A	なし	なし
	B	なし	なし
	C	なし	なし
	D	なし	なし
	E	なし	なし
物理環境	洗掘	D、Eに洗掘が見られる。	上流第3群から大井川中心へ向けて水筋が移動しているため、B、E付近が70cm程度洗掘している。
	堆積	聖牛の下流の左岸河岸付近が25cm程度堆積している。	聖牛、上下流の左岸河岸寄りに1.0m未満の堆積が続く。
	瀬・淵	聖牛の前面、護岸側に淵が形成されている。	聖牛下流に淵が形成されている。
生物	魚類	十分生育可能である。	十分生育可能である。
	植物	河岸（岩）との間が堆積すれば可能である。	河岸と聖牛間に生育する可能性がある。
	昆虫類	植物の生育次第である。	植物と共に生育する状況はある。
	鳥類	河岸には樹木もあり、水衝部で淵もあることから生育可能な状態である。	河岸には樹木もあり、水衝部で淵もあることから生育可能な状態である。

※1 田野口工区は水衝部のため、9月時点では水量が多く、平板測量等を行うことができなかったため、12月時点に出水後の観測を行った。

※2 聖牛設置後から第1回の出水前の観測以前に小規模な出水があり、一部聖牛付近の洗掘や流下物の付着が見られる。

表―4　現地調査比較表：第3群聖牛(田野口工区)

聖牛名称		大聖牛	
設置年月		平成12年2月	
調査回		1回目（出水前）	2回目（出水後）
調査年月		平成12年3月	平成12年12月
経過年		1ヶ月後	10ヶ月後
設置状況	設置群	3群	3群
	基数	3基	3基
	前列	2基	2基
	後列	1基	1基
地形特性	河床材料	玉石、砂利	玉石、砂利
	地形状況	左岸河床は岩が露出しており、水衝部となっている。大井川鉄道が最も近接している。	想定どおり水衝部となっており、河床変動が大きい箇所で、聖牛の動きも大きい。
水筋	聖牛上流	水筋が上流から第3群に直面している。	Cの方向に向かい流下している。
	聖牛付近	周囲一面浅く、流下している。	A，Cの大井川中心側を流下している。
	聖牛下流	左岸河岸沿いに第2群方向へ流下している。	A，Cの大井川中心側を流下している。
損傷状況	後列中央 A	損傷なし	護岸側に少し傾き、水筋側に洗掘される。
	前列護岸側 B	損傷なし	特に損傷はないが、大井川中心側に傾き沈下している。
	前列河川側 C	損傷なし	Bより大きく70cm程度大井川中心側に傾き、1.2m程度沈下している。

第3群

調査回		1回目（出水前）	2回目（出水後）
変形状況	A	変形していない。	特に変形していない。
	B	変形していない。	特に変形していないが、全体的に大井川中心側へ傾く。
	C	変形していない。	特に変形していないが、Bより大きく大井川中心側へ傾く。
流失状況	A	なし	なし
	B	なし	なし
	C	なし	なし
物理環境	洗掘	大井川本川の水衝部にあたり洗掘の可能性がある。	本第3群付近が水衝部となっているため、全体的に洗掘されておりCの部分が60cm程度洗掘されている。
	堆積	聖牛と護岸の離れの部分に少し堆積がある。	上流六脚ブロックと聖牛、及び聖牛下流の河岸寄りに40cm程度の堆積が見られる。
	瀬・淵	聖牛下流に、淵の形状をなしている。	聖牛の大井川中心側には早瀬が、聖牛上下流部には淵が生じている。
生物	魚類	十分生育可能である。	十分生育可能である。
	植物	護岸側が岩であり、堆積していけば生育可能である。	聖牛上下流の堆積土の粒径が比較的細かい為、植生の可能性がある。
	昆虫類	植物の生育次第である。	植物と共に生育する状況はある。
	鳥類	護岸部に樹木もあり、十分生育可能である。	護岸部に樹木もあり、十分生育可能である。

※1 田野口工区は水衝部のため、9月時点では水量が多く、平板測量等を行うことができなかったため、12月時点に出水後の観測を行った。

※2 聖牛設置後から第1回の出水前の観測以前に小規模な出水があり、一部聖牛付近の洗掘や流下物の付着が見られる。

※3 第3群については、水衝部に設置する聖牛群であるので、下流に設置した第1、2群に流木等による損傷を与えないための流木避けの目的を有する。そのため他の群と異なり、3基1群として設置している。

大聖牛設置の追跡調査−Ⅲ　　203

♦第１群聖牛：出水前後の現場状況（田野口工区）

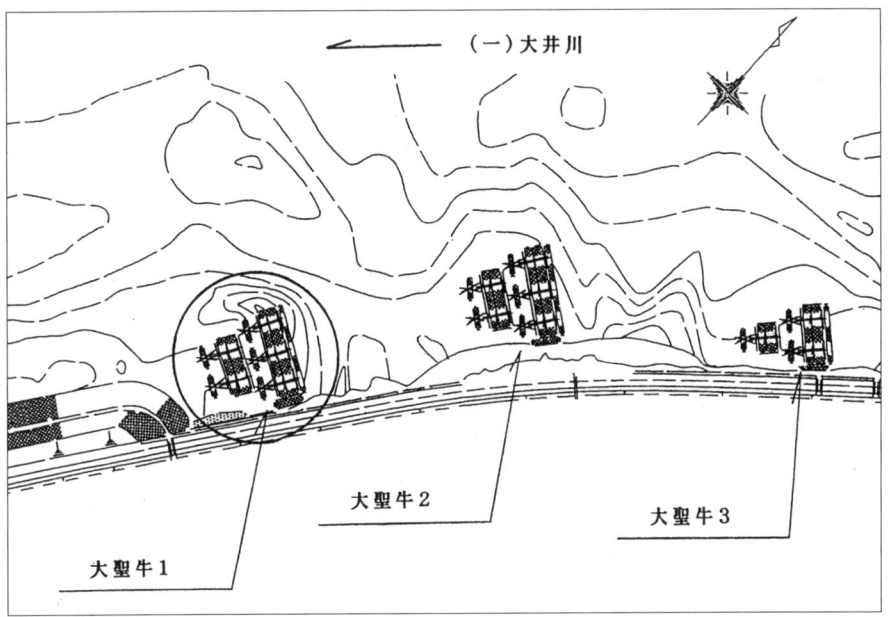

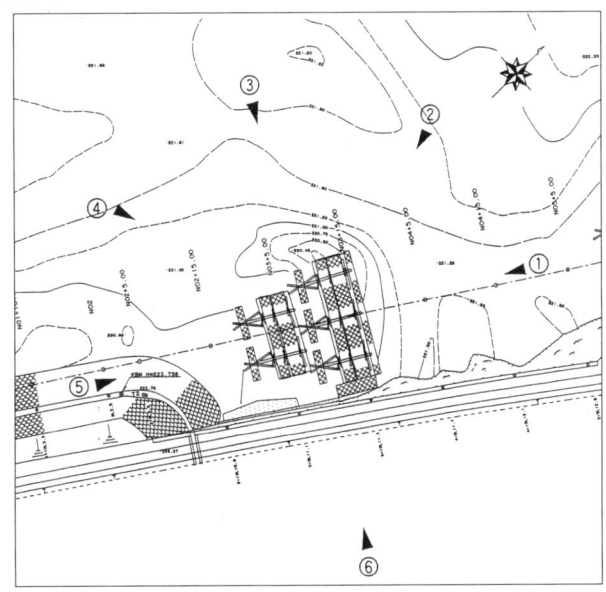

（一）大井川

大聖牛１
大聖牛２
大聖牛３

第１群聖牛と撮影位置

204　第 2 章　伝統的河川工法の検証

① ② ③ ④ ⑤ ⑥

写真－1　第 1 群聖牛：出水前

大聖牛設置の追跡調査－III　205

① ② ③ ④ ⑤ ⑥

写真－2　第1群聖牛：出水後

206   第2章　伝統的河川工法の検証

♦第2群聖牛：出水前後の現場状況（田野口工区）

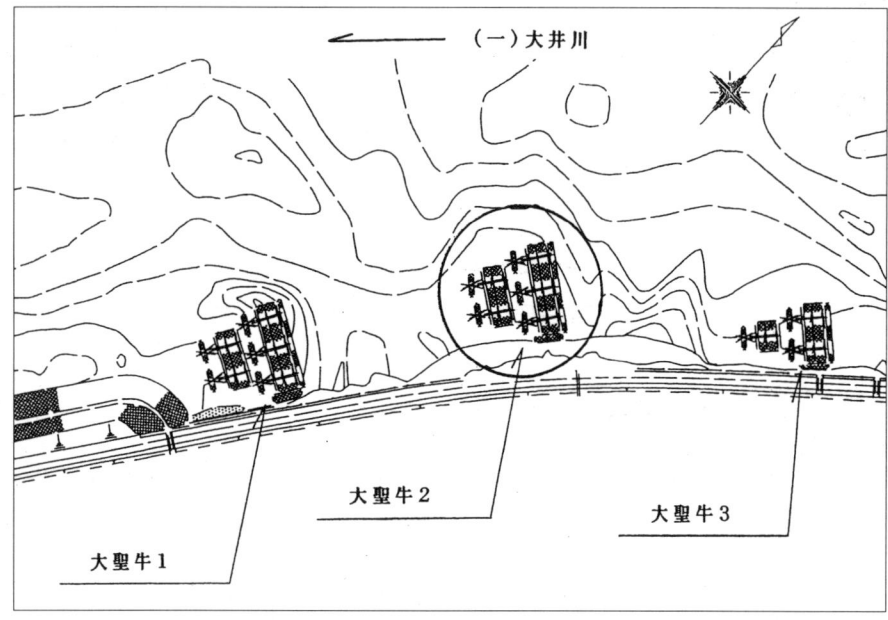

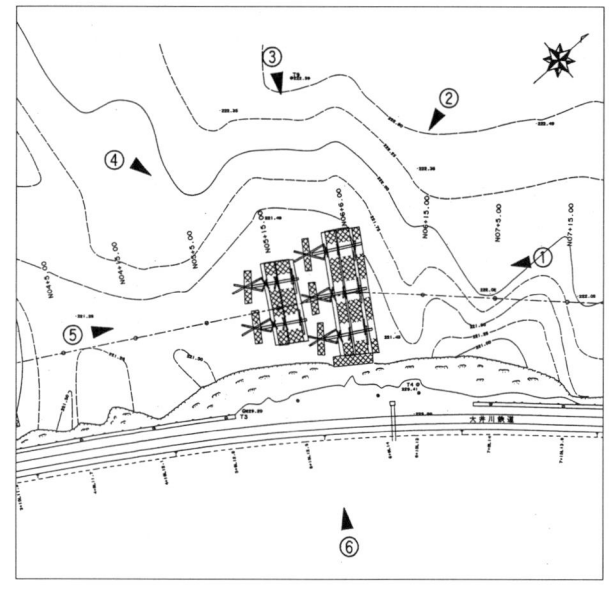

（一）大井川

大聖牛1　　大聖牛2　　大聖牛3

第2群聖牛と撮影位置

写真−3　第2群聖牛：出水前

① ② ③ ④ ⑤ ⑥

写真ー4　第2群聖牛：出水後

大聖牛設置の追跡調査−III　209

◆第3群聖牛：出水前後の現場状況（田野口工区）

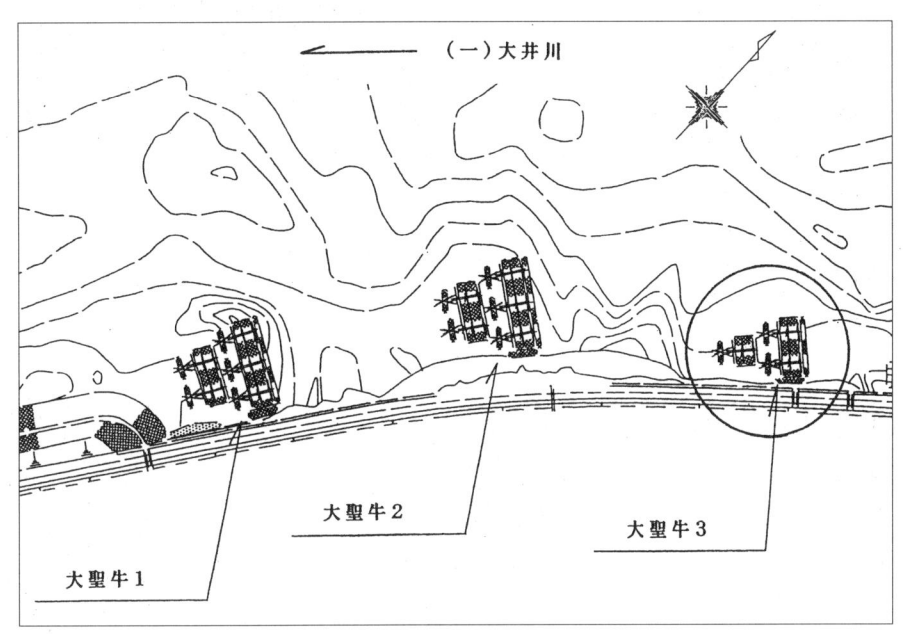

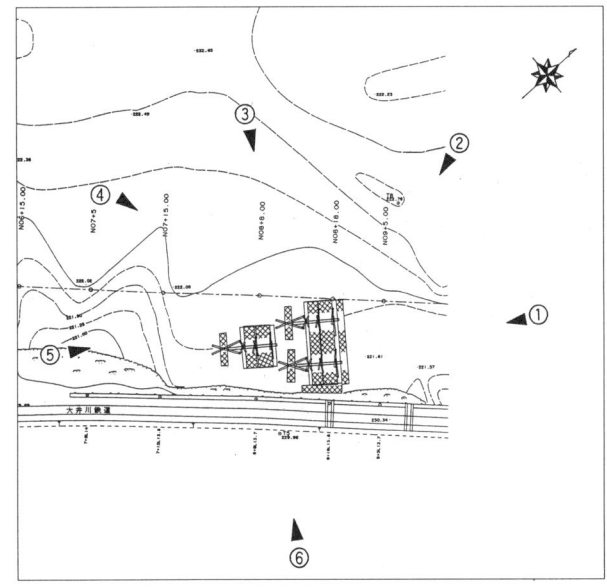

（一）大井川

大聖牛1
大聖牛2
大聖牛3

第3群聖牛と撮影位置

① ② ③ ④ ⑤ ⑥

写真－5 第3群聖牛：出水前

① ② ③ ④ ⑤ ⑥

写真−6 第3群聖牛：出水後

■平谷工区の追跡調査■

◆河道全体での水流変化、土砂の移動状況

(1) 全幅横断の比較（図－11、図－12）

① 48K40（12年3月と12年10月の測量結果の比較）

　　比較：・聖牛より40m上流の断面である。
　　　　　・本流の動き（最低河床の位置）が100m程右岸側に寄った（A→B）。
　　　　　・河道中央付近に堆積（H＝0.5～2.5m、堆積幅150m）（C）
　　　　　・右岸護岸付近に洗掘（H＝1.0m、幅35m）（D）

② No.10＋10.00（12年3月と12年10月の測量結果の比較）

　　比較：・水筋は左岸部において30m程河道中心方向に移動した（E→F）。
　　　　　・左岸側が洗掘された。（H＝0.2～2.0m、幅60m）（C）
　　　　　・河道中央付近のうち左岸寄りの中央部は洗掘（H＝0.3m）（H）、右岸寄りは堆積（H＝0.5m）した（I）。
　　　　　・聖牛周辺および護岸との間は、堆積（H＝1.0m、幅50m）している（J）。
　　現象：・本流の動きは左岸側を走り（図－11 A）、右岸側は堆積した（図－11 B）。

③ No.0（12年3月と12年10月の測量結果の比較）

　　比較：・水筋が15m程右岸側に寄った（X→L）。
　　　　　・左岸側が洗掘されている。（H＝0.5～2.0m）（L）
　　　　　・護岸部は70cm程度堆積している（M）。
　　現象：・河幅300～350mという大河川にて水筋変化としては、河道全体として明確な影響として把えることは困難であるが（図－11 C）、部分的に最上流の聖牛において流向を変えている（C）。

図—10 設置位置図

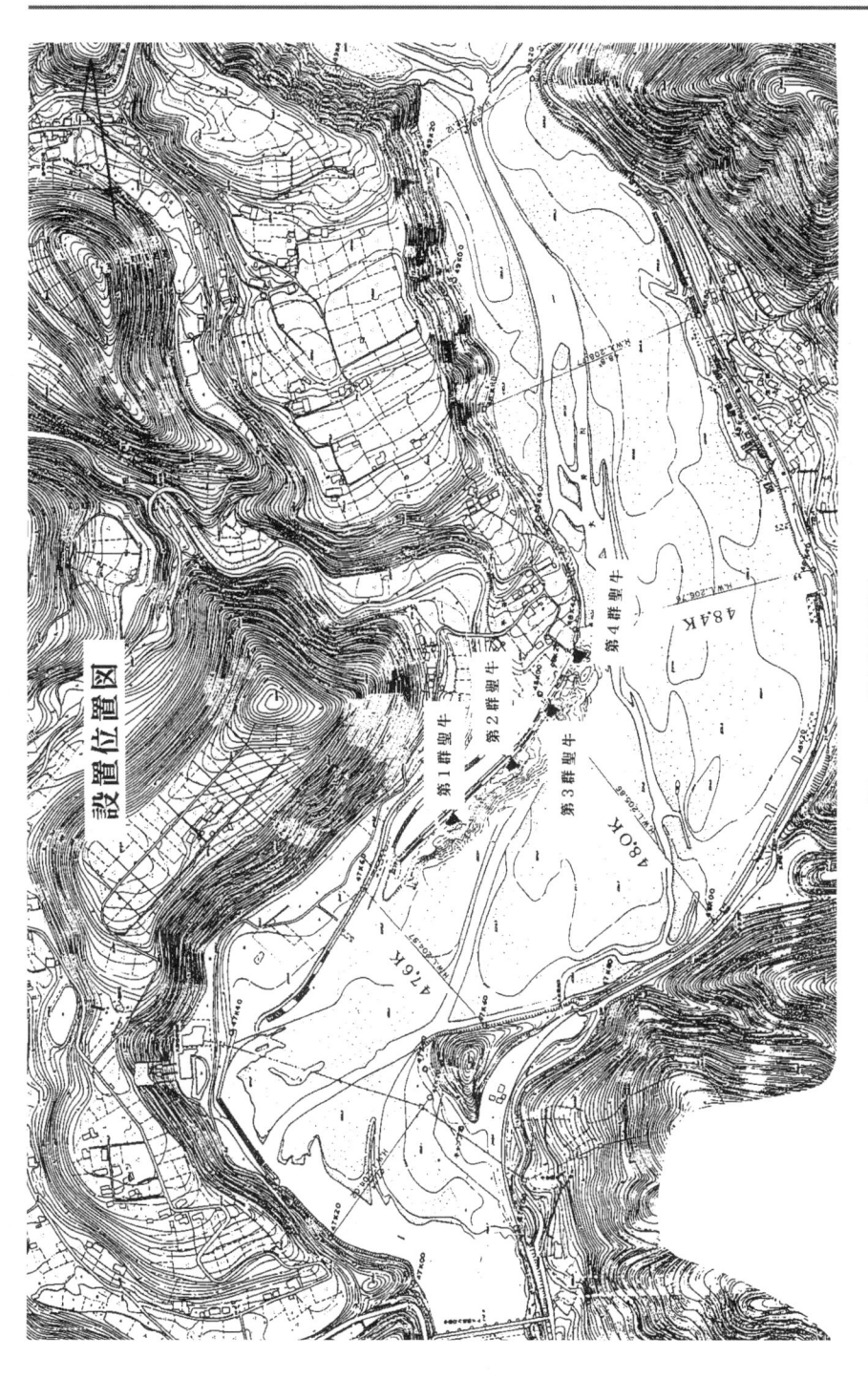

図—11 水筋変化図

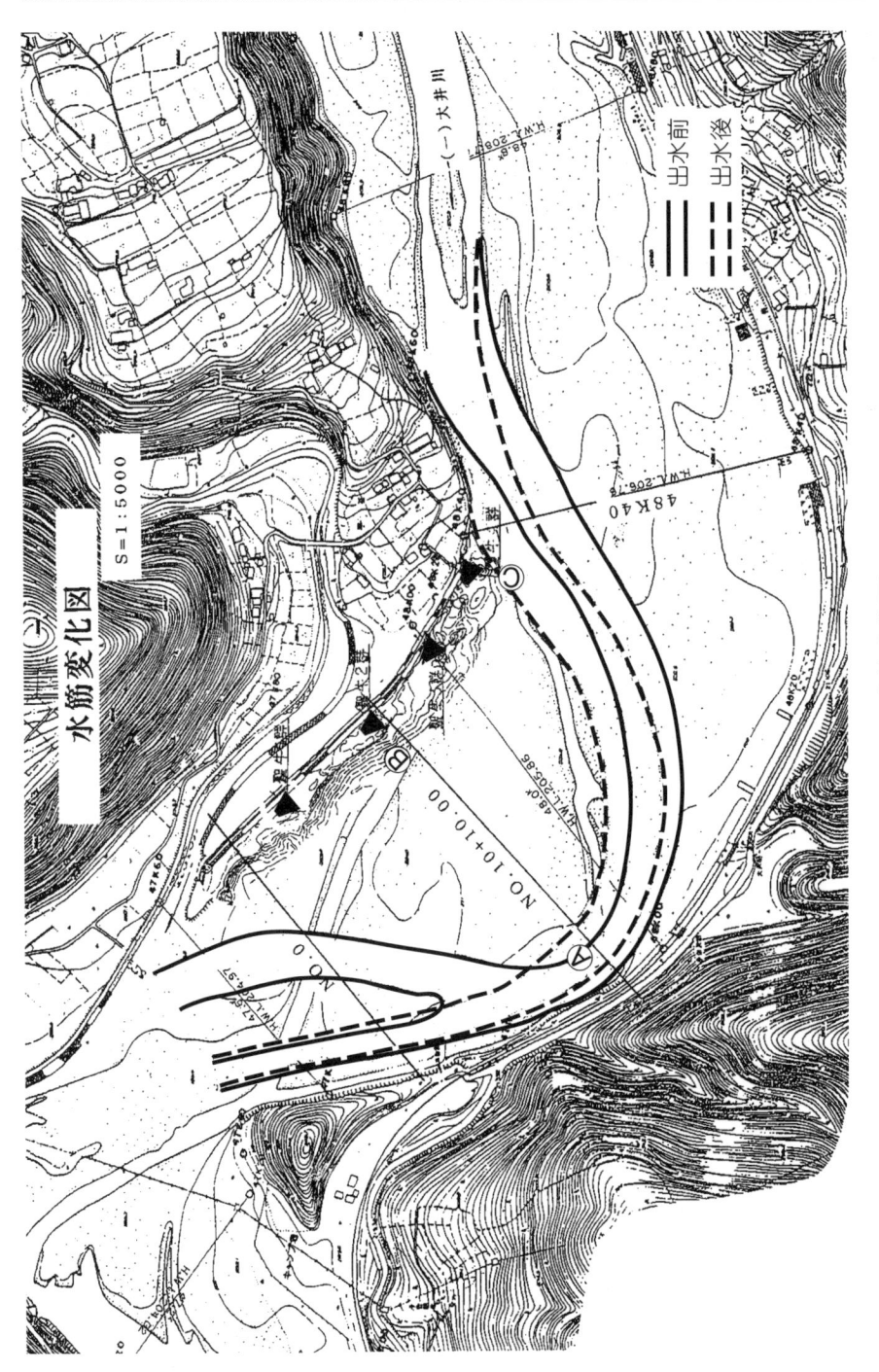

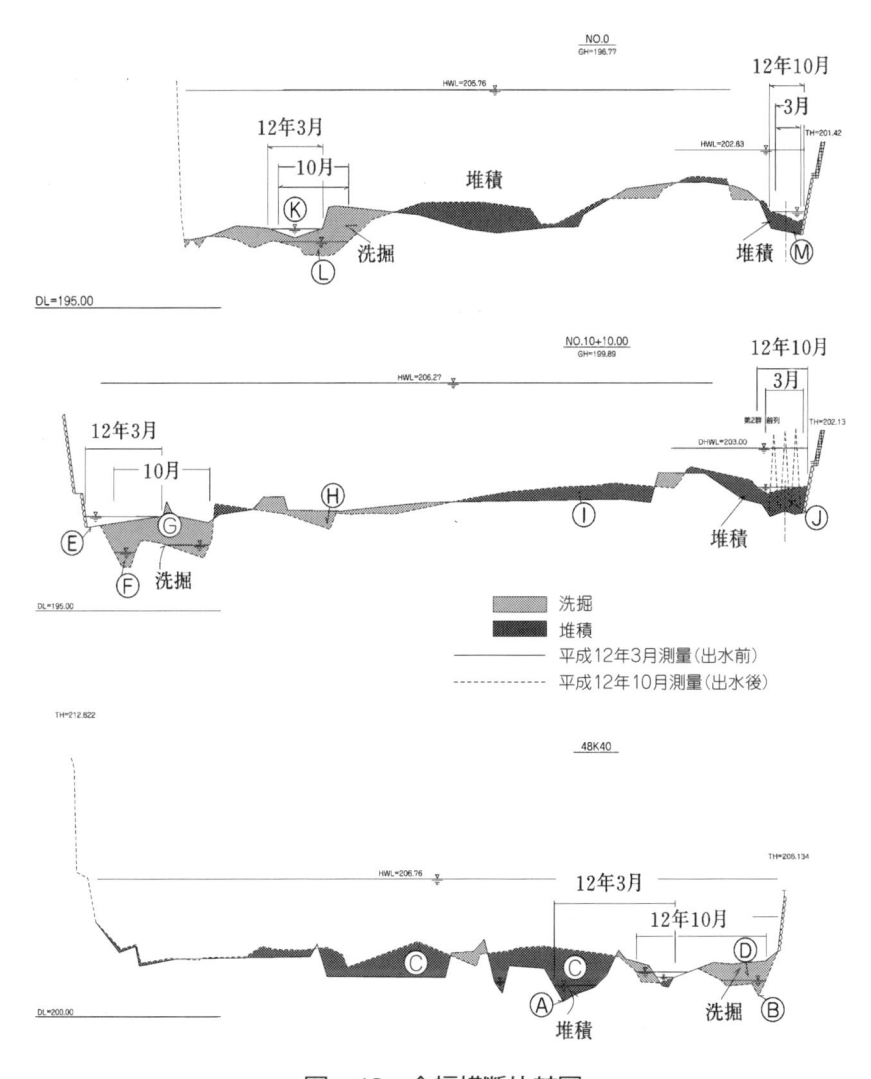

図―12 全幅横断比較図

【比較検証】
測量成果の比較表(表―5)を参照して、出水による状況変化を調べる。
(2) 堆積、洗掘の分布図の比較(図―13)
① 上流部(A)は水衝部にあたり洗掘厚1m以上、(B)は洗掘厚1m未満で水筋、本流の通った形跡である。

効果：・最上流に設置した第4群の聖牛により、河道中央への水筋の変化が見られ、護岸に直接洪水流があたらない「水はね効果」が推測される。
・水制設置による一般的な影響として、水制前面および水制まわりの局所洗掘が見受けられる。
② 堆積部分（C, D, E）は、1.0m以上堆積している。他の部分も1.0m未満の堆積である。
効果：聖牛と護岸部との間や聖牛の上下流に厚く堆積して、護岸部を守る働きをしている。第1群〜第3群の聖牛周辺が堆積傾向にあることから、第4群の聖牛の「水はね効果」による河床の安定が図られたことが推測される。
③ 洗掘厚1.0m未満（F, G）の部分が縦断的に続く。
現象：第1群〜第3群の聖牛により縦断的に護岸付近への堆積が認められ、それよりも河道中央寄り（(F, G)の洗掘部分）に水筋が移動しでいると考えられる。
④ 検証：被災時（平成10年8月）と出水後（平成12年10月）の河床の状況を比較すると、上述の第1群〜第3群の聖牛付近の護岸の堆積が検証できる（第3群、第2群、第1群横断図参照）。

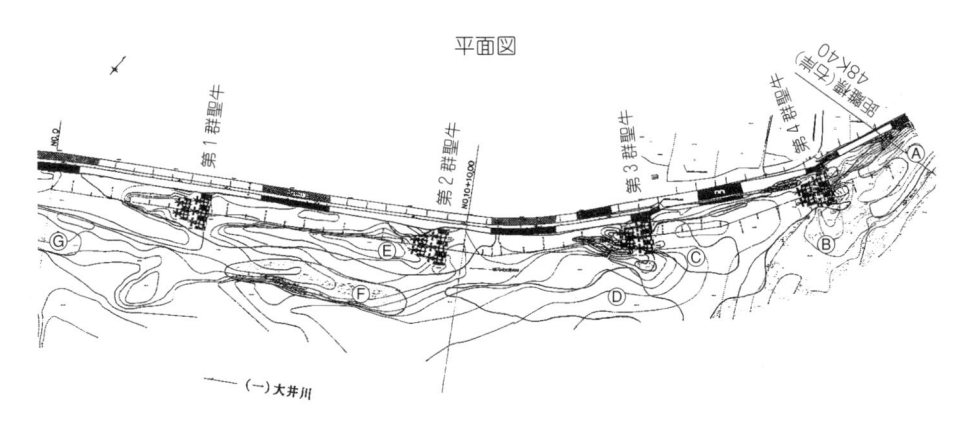

図—13 堆積、洗掘の分布図
出水前と出水後の河床の変動状況（S＝1：1,000）

表－5　測量成果の比較（出水前と出水後の比較）

	第 4 群	第 3 群	第 2 群	第 1 群
堆積・洗掘分布図の比較	・大井川の地形的には、水衝部にあたるが、平成10年8月には、既設護岸が被災するなど、河川変動の大きな箇所となっている。 ・聖牛より上流部は、深い洗掘（0.8m～1.3m）になっている。流れの方向（聖牛左側下流）に沿って深い洗掘部がある。 ・聖牛本体と護岸部の間には厚い堆積がある。（堆積厚 $H=1.1m$）より下流部には、浅い堆積になっている。	・聖牛と護岸部が平行に縦断する最初の聖牛群である。 ・地形的に流水の方向が下流に向かって河川の中央に寄る部分である。 ・第4群の影響で全体的に厚く堆積している。聖牛より下流の方向 $H=0.7m～1.2m$ ・聖牛下流部、局所的な浅い洗掘部がある。 $H=0.2m～0.5m$	・現在の水流は第2群に直接あたってはいない。 ・堆積も全体に一様に堆積している。 $H=0.9m～1.5m$ ・聖牛群より大井川中心寄りの河床（護岸から30m～45m大井川中心寄り）に縦断的に $L=90m$ 程度、 $H=0.3m～0.8m$ 程度洗掘状態がある。	・最下流の聖牛である。 ・堆積も全体に一様に分布している。
縦断比較図	・本体前面に深掘れ箇所がある。 $(H=1.7m)$ ・聖牛前面より上流は洗掘している。 $(H=0.2m～1.0m)$ ・本体より下流部は、20m程度逆勾配の緩やかな堆積である。	・第4群から第3群にかけて50m程度 $(H=0.5～1.5m)$ の堆積である。 ・本体部分は、 $H=1.6m～1.8m$ の堆積。 ・聖牛より下流部は縦断方向に15m程度局所的に洗掘されている。 ・以下、浅い堆積が縦断方向に20m程度続く。	・第2群の上流、本体、下流部については縦断的に緩やかな堆積である。 $(H=0.3m～1.8m)$	・緩やかな堆積である。 $(H=1.1m～1.5m)$ ・聖牛より下流30mまではH=0.7m以上の堆積がある。
横断比較図	No.20（前列聖牛前面） ・大井川中心より（下流に向かって聖牛群の左側）に流心がある。追跡点前面本体。下流に向かって左側下端付近が洗掘し、2m傾斜による聖牛下からの流出により、 $(H=1.2m)$ ・前列（下流に向かって右側）の聖牛付近は、堆積している。 $(H=1.2m)$ No.19＋10.00（後列聖牛前面） ・下流に向かって左側に流心があり、追跡点で 0.2m 程度の沈降がある。 ・下流に向かって右側の堆積が大きい。 $(H=1.0m程)$	No.15（前列複合本木） ・下流に向かって聖牛群の左側に流心がある。追跡点約 0.1m 程の沈降がある。 ・聖牛本体前面は $50cm$ 程洗掘している。 $(H=1.5m)$ No.14＋10.00（後列聖牛前面） ・聖牛の移動はわずかである。 ・下流に向かって聖牛左側に流心がある。 $(H=0.2m)$ ・中央部に平均で $H=1.5m$ 程の堆積がある。	No.10（前列聖牛前面） ・下流に向かって左側に流心がある。追跡点 $(2E4)$ に $50cm$ の動きがある。 ・全体的に平均して堆積している。 $(H=0.5m～1.5m)$ No.9＋10.00（後列中本木） ・全体的に平均して堆積している。 $(H=0.3m～1.5m)$	No.4（前列聖牛前面） ・追跡点 $1E3$ に $80cm$、 $1D3$ に $35cm$ の沈下がある。 ・全体的に平均して堆積している。 $(H=1.5m程)$ No.3＋10.00（後列聖牛前面） ・聖牛の移動は平均して堆積している。 $(H=1.0m程)$
聖牛比較図	・流水、洗水の影響を一番受けやすい本流側列、 E の聖牛の移動、変形が大きい。 ・ $4E3$ の観測点が流心方向に $100cm$ 移動した。 ・ $4E1$、 $4E2$ が流心方向に $45cm$、 $90cm$ 移動した。 ・ $4D4$ が下流に $50cm$ 移動した。	・ $A～E$ の5基とも反集付近の機木の観測点 $(3A1、3B1、3C1、3D1、3E1)$ の移動はほとんどない。	・本流側列中央の E の聖牛に $50cm$ の動きがあり、他は設置前とあまり変わらない。	・本流側前列の E の聖牛に $80cm$ の動きがあり、前列中央の D の聖牛に $35cm$ の動きがあり、他は設置前と大きく変わらない。

表－6　現地調査比較表：第1群聖牛(平谷工区)

聖牛名称		大聖牛	
設置年月		平成12年2月	
調査回		1回目（出水前）	2回目（出水後）
調査年月		平成12年3月	平成12年9月
経過年		1ヶ月後	7ヶ月後
設置状況	設置群	4群	4群
	基数	5基×4群＝20基	5基×4群＝20基
	前列	3基	3基
	後列	2基	2基
地形特性	河床材料	玉石、砂利	前面に玉石が堆積した。後列に土砂、砂が堆積した。
	地形状況	最下流であり、護岸部の流れは直線である。	最下流部であり、左岸の支川大沢の流入もあり、流水に動きがある。
水筋	聖牛上流	第2群より正面に流下している。	第2群より正面に流下している。
	聖牛付近	聖牛左側、脇を流下している。	聖牛のすぐ脇を流下する。
	聖牛下流	聖牛本体、後ろへ流下している。	ゆるく右に流れをかえ、また護岸部に当たり、聖牛を巻く様に流れる。
損傷状況	後列護岸側 A	損傷なし	特に損傷や動きは見られない。堆積土が多く、埋まっている。
	後列河川側 B	損傷なし	損傷、動きは見られない。堆積土が多い。
	前列護岸側 C	流下物が少し付着している。	損傷はないが、前面が少し深掘れしている。
	前列中央 D	流下物が少し付着している。	左に傾倒しているが、損傷はみられない。
	前列河川側 E	損傷なし 流下物が少し付着している。	特に損傷はみられないが、左にDより大きく傾いており、また流木の堆積あり。

第1群

調　査　回		1回目（出水前）	2回目（出水後）
変形状況	A	変形していない。	特に変形なし。
	B	変形していない。	特に変形なし。
	C	変形していない。	特に変形なし。
	D	変形していない。	特に変形はないが、左（流心）に傾く。
	E	変形していない。	特に変形はないが、左（流心）にDよりさらに傾く。
流失状況	A	なし	なし
	B	なし	なし
	C	なし	なし
	D	なし	なし
	E	なし	なし
物理環境	洗　掘	聖牛前面に浅い洗掘がある。	洗掘され、更に堆積したD、Eの聖牛が傾いた。護岸部に少し洗掘あり。
	堆　積	緩やかな堆積になる。	聖牛前面、本体、後端部に堆積が多い。
	瀬・淵	聖牛全体に浅い流れである。	BとEの間に水溜りあり。護岸部にL=10m、W=3m、H=0.2mの水溜りあり。
生　物	魚　類	上記の様に良い生育状態である。	脇に水筋が通り、十分生育可能である。
	植　物	護岸部の完成が最近なので、現時点では観察できない。	玉石張、カゴマットの出来が新しいため、現時点で特筆すべき植生はみられない。
	昆虫類	植物の状態に左右される。	植物の状態に左右される。
	鳥　類	水筋が通っているから、良い環境である。	水辺が脇を通るため、十分生育可能である。

　　施 工 後
※ 1回目（出水前）観測以前に小規模の出水があり、若干の河床
　　変動等が見られるため、出水前の記述に一部、聖牛の挙動に関
　　する記載がある。

表－7　現地調査比較表：第2群聖牛(平谷工区)

聖牛名称			大聖牛	
設置年月			平成12年2月	
調査回			1回目（出水前）	2回目（出水後）
調査年月			平成12年3月	平成12年9月
経過年			1ヶ月後	7ヶ月後
設置状況	設置群		4群	4群
	基数		5基×4群＝20基	5基×4群＝20基
	前列		3基	3基
	後列		2基	2基
地形特性	河床材料		玉石、砂	細かい堆積土、砂に覆われている。
	地形状況		直線部の護岸に平行した箇所である。	護岸が直線部の状況にあり、堆積の状況にある。
水筋	聖牛上流		聖牛前面に流水があたっている。	護岸より30m程離れて流下している。
	聖牛付近		下流に向かって左側脇を流れている。	A、B、Eの聖牛の下を流下している。（水深40cm程）
	聖牛下流		聖牛下流に向かって左側へ流れていく。	聖牛下を流下した水筋は護岸に衝たり、護岸法尻部を水面幅5m程度で流下する。
損傷状況	後列護岸側 A		損傷なし	特に損傷なし 大きい流木の堆積がある。動きは見られない。
	後列河川側 B		損傷なし	特に損傷なし 水筋になっているが、動きは見られない。
	前列護岸側 C		流下物の付着が少しある。	特に損傷なし 前面の洗掘、流下物の付着あり。
	前列中央 D		流下物の付着が少しある。	特に損傷はないが、前面に流木等でふさぐ状態になっている。
	前列河川側 E		流下物の付着が一番多い。	左（流心）に傾き洗掘されているが、大きい損傷はない。

第2群

調査回		1回目（出水前）	2回目（出水後）
変形状況	A	変形していない。	特に変形なし。
	B	変形していない。	特に変形なし。
	C	変形していない。	特に変形なし。
	D	変形していない。	特に変形はないが、左（流心）に傾く。
	E	変形していない。	特に変形はないが、少し左（流心）に傾く。
流失状況	A	なし	なし
	B	なし	なし
	C	なし	なし
	D	なし	なし
	E	なし	なし
物理環境	洗掘	上流側が洗掘された状態である。	Eの聖牛（左側）の洗掘が多いため、川寄りに傾く。護岸部沿いに洗掘されている。
	堆積	聖牛本体と下流は、堆積あり。	聖牛前面に堆積している。一度洗掘され、更に堆積した状態。（サラサラした土砂）
	瀬・淵	聖牛前面に直面しているから、少し溜まりが出来ている。	水流がA、B、Eに当たり、それに伴い小さい淵もできている。
生物	魚類	水筋が通っているから、生育可能である。	水筋に当たり、十分生育可能である。
	植物	護岸部の完成が最近なので、現時点では観察できない。	現時点で特筆すべき植生はみられない。
	昆虫類	植物の生育次第である。	植物の生育次第で集まる可能性はある。
	鳥類	水辺が近寄り、生育可能である。	水辺であるので、集まる可能性はある。

　施　工　後
※ 1回目（出水前）観測以前に小規模の出水があり、若干の河床
　　変動等が見られるため、出水前の記述に一部、聖牛の挙動に関
　　する記載がある。

表—8 現地調査比較表：第3群聖牛(平谷工区)

聖牛名称		大聖牛	
設置年月		平成12年2月	
調査回		1回目（出水前）	2回目（出水後）
調査年月		平成12年3月	平成12年9月
経過年		1ヶ月後	7ヶ月後
設置状況	設置群	4群	4群
	基数	5基×4群＝20基	5基×4群＝20基
	前列	3基	3基
	後列	2基	2基
地形特性	河床材料	玉石、砂利	聖牛本体の間には、サラサラした堆積土砂である。外周に15cm〜30cmの玉石が見られる。
	地形状況	流心が離れ、安定した状態である。	第4群の下流にあたり、安定した堆積の度合いである。
水筋	聖牛上流	第4群よりの少しの水量がある。	聖牛より30m程離れて、第4群と同様に流下している。
	聖牛付近	聖牛左側の脇を少量流下している。	上流より同様に、護岸と平行して流下している。
	聖牛下流	水筋はまだない状態である。	上流より同様に、護岸と平行して流下している。
損傷状況	後列護岸側 A	損傷なし	特に損傷なし 堆積が埋まっている。
	後列河川側 B	損傷なし	特に損傷なし 流下物の付着は多い。
	前列護岸側 C	流下物の付着がある。	特に損傷なし 一番堆積の度合いが少ない。
	前列中央 D	流下物の付着、深掘れが少しある。	特に損傷なし 右半分の堆積の度合いが少ない。流木、流下物の付着が多い。
	前列河川側 E	流下物の付着、深掘れがDより多い。	特に損傷なし 一番堆積して埋まっている。

第3群

調査回		1回目（出水前）	2回目（出水後）
変形状況	A	変形していない。	特に変形なし。
	B	変形していない。	特に変形なし。
	C	変形していない。	特に変形なし。
	D	変形していない。	特に変形なし。
	E	変形していない。	特に変形はないが、少し左（流心）に傾く。
流失状況	A	なし	なし
	B	なし	なし
	C	なし	なし
	D	なし	なし
	E	なし	なし
物理環境	洗掘	Eの聖牛左側に深掘れ、流水がある。	A、Cの聖牛と護岸との間に洗掘があり、水溜りが下流へ20mある。（水深50cm程）
	堆積	聖牛正面、護岸側に堆積、玉石が多い。	A、B、D、Eの聖牛付近の堆積が多い。
	瀬・淵	上流からの流水のため、少し溜まりがる。	上記の洗掘の度合いで、水溜りの状態になっている。（L=20m, W=3m, H=0.5m）
生物	魚類	上記の状態で十分生育可能である。	上記の状態で十分生息可能である。
	植物	まだ土砂、砂が少ないので、今後の堆積度合いである。	護岸部（蛇かご）の隙間に繁茂している。
	昆虫類	植物の生育次第である。	植物もあるから、十分生息可能である。
	鳥類	植物と水筋により可能になる。	植物が繁茂してくれば、十分生息可能である。

施工後

※ 1回目（出水前）観測以前に小規模の出水があり、若干の河床変動等が見られるため、出水前の記述に一部、聖牛の挙動に関する記載がある。

表—9　現地調査比較表：第4群聖牛(平谷工区)

聖牛名称		大聖牛	
設置年月		平成12年2月	
調査回		1回目（出水前）	2回目（出水後）
調査年月		平成12年3月	平成12年9月
経過年		1ヶ月後	7ヶ月後
設置状況	設置群	4群	4群
	基数	5基×4群＝20基	5基×4群＝20基
	前列	3基	3基
	後列	2基	2基
地形特性	河床材料	玉石、砂利	全体的にサラサラした堆積土砂である。
	地形状況	上流側に堆積土砂、玉石が多い。	従前より水衝部であり、河床変動が大きい。
水筋	聖牛上流	水衝部にて河の中心方向に寄っている。また、支川が聖牛正面に寄っている。	上流50m程に水衝部があり、流心を河の中心方向に誘導している。
	聖牛付近	本流は離れている。	聖牛より30m程離れて流下している。
	聖牛下流	施工後であるので、水筋はない。	聖牛より30m程離れて護岸に平行して流れる。
損傷状況	後列護岸側 A	損傷なし	特に損傷なし 流木の堆積が多い。
	後列河川側 B	損傷なし	特に損傷なし 後列で安定している。
	前列護岸側 C	損傷なし	特に損傷なし 流下物の付着が多い。
	前列中央 D	前面に深掘れあり。	特に損傷なし Eに引き寄せられ、傾いている形が少し傾倒している。
	前列河川側 E	前面に深掘れ、水溜りあり。	特に損傷なし 20基の聖牛のうち移動、傾倒が最も大きい。

第4群

調査回		1回目（出水前）	2回目（出水後）
変形状況	A	変形していない。	特に変形なし。
	B	変形していない。	特に変形なし。
	C	変形していない。	特に変形なし。
	D	変形していない。	特に変形はないが、傾倒している。
	E	流心方向に深掘れあり。少し動きあり。	特に変形はないが、傾倒している。
流失状況	A	なし	なし
	B	なし	なし
	C	なし	なし
	D	なし	なし
	E	なし	なし
物理環境	洗 掘	Eの聖牛左側（本流）に深掘れあり。（施工後の小出水によるものと思われる。）	Eの聖牛の川側に深掘れがあり、伏流水、水溜りがある。
	堆 積	聖牛前面に堆積あり。（施工後の小出水によるものと思われる。）	Cの聖牛本体、上流30m程ほそ帯状の堆積がある。
	瀬・淵	Eの聖牛左側（本流）に水溜りあり。（施工後の小出水によるものと思われる。）	BとEの間に、深掘れの影響で水溜りがある。（水深50cm程）
生 物	魚 類	生息可能な環境にある。	生息可能な環境にある。
	植 物	蛇かごの隙間、ほそ帯の堆積土にやや繁茂している。	護岸部（蛇かご）の隙間、ほそ帯の堆積にやや繁茂している。
	昆虫類	植物の生育と共に、生育可能である。	生息可能な環境にある。
	鳥 類	植物の生育と共に、生育可能である。	頁繁茂してくれば、生息可能な環境である。

施 工 後
※ 1回目（出水前）観測以前に小規模の出水があり、若干の河床
　変動等が見られるため、出水前の記述に一部、聖牛の挙動に関
　する記載がある。

(3) 縦断面図の比較（図－14）
　① 現状：聖牛を設置した河道法線方向の縦断図を見ると、一部水制まわりで局所的な洗掘が見受けられるが、全般的には1m程度の堆積である。
　② 現状から推測される河道の特性：
　　　• 当箇所は平面的に見ると水裏部にあたり、本来は長い期間で堆積の傾向にあると思われる箇所であるが、平成10年の災害に見受けられるように、護岸付近の洗掘（2m程度）が通常起こり得る河道の特性であると考えられる。
　　　• 個々の聖牛の挙動を観察した結果、洪水流を直接受ける第4群については、聖牛が大きく移動しているのが見受けられる（洗掘Bが原因）。第4群の影響により第1群〜第3群の移動量は少ないが、第4群から最も離れた第1群（A）の方が第3群（B）に比べ移動量が大きいのは、本箇所が外カーブになっており、第4群ではねた水流以外の洪水流の影響（縦断的な洗掘（F）（G）から）を受けたのではないかと推測される。
　③ 現状から推測される聖牛の効果：今回の聖牛の設置により、期待した護岸前面の河床の安定が図られたことが縦断図から推測される。

洪水時の状況（平成12年9月12日警戒水位を超える）

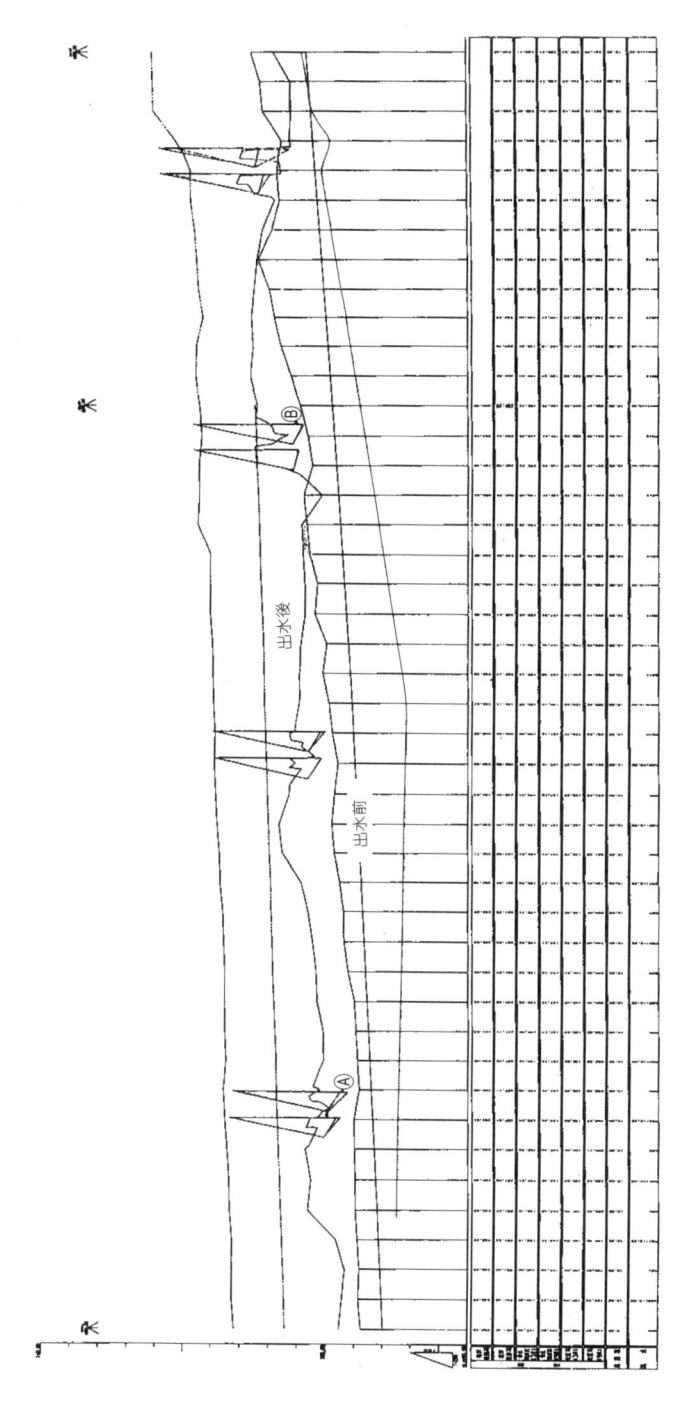

図-14 堆積、洗掘縦断面図

(4) 聖牛前列の断面図、躯体の動きの比較
　① 第4群聖牛前列（最上流部）について（図－15）
　　　状況：・聖牛は河川の中心部に近いE, Dの順で河川側に大きく傾倒しており、特に、観測点4E4については施工後より2mの沈下が見られる。
　　　　　　・聖牛4Eの下は施工後より1.3m程の河床低下が見られる（A）。
　　　　　　・護岸に最も近いCについては、ほとんど移動が見受けられない。
　　　　　　・河岸部と聖牛の間、および聖牛Cの周辺部は1.2m程の堆積が見受けられる（C）。
　　　考察：・最上流の聖牛であり、洪水の流力、流木等の直撃を一番受ける聖牛である。流木が洪水後も聖牛に残っているが、今回は流木等による損壊は見受けられない。
　　　　　　・洪水ピーク時、聖牛Eの傾倒から2m以上の洪水流による河床の変動が想定されるが、聖牛自体の屈撓性により河床変化に柔軟に対応しているため、損壊には至っていない。また聖牛Cの移動量が少なく、聖牛Eの下の河床が洗掘され、移動量も大きいことから群前面で水流を受け、河川中心方向へ『水をはねた』ということが推測される。
　　　　　　・護岸側（4C）の聖牛は動きが少ないため、河床の状態は洪水時も比較的安定していることが想定でき、当初の設置目的であった護岸付近での河床の安定が図られていることが推測できる。
　② 第3群聖牛前列（中間部）（図－16）
　　　状況：・一番河床変動の少ない箇所であり、聖牛の動きも少ない。
　　　　　　・全般的に聖牛および護岸周辺は、施工後と比較して堆砂の状況がある。
　　　　　　・披災時の横断と比較し、河床は過剰に洗掘されていない。
　　　考察：・2群目の聖牛であり河床洗掘（10cm程）も少なく、洪水の流体力が弱まったことから洪水時の河床変動は穏やかであったことが推測される。
　　　　　　・直上流部の第4群の『水はね効果』により、洪水流が河川中心方向へ移動したことが推定され、その影響により聖牛および護岸部への堆砂効果が推測される。
　　　　　　・被災時には護岸前面はおよそ1.5mの洗掘があったが、聖牛設置後は施工後と比較しても堆積の傾向にあり、護岸前面の河床の安定という目的は達成されている。

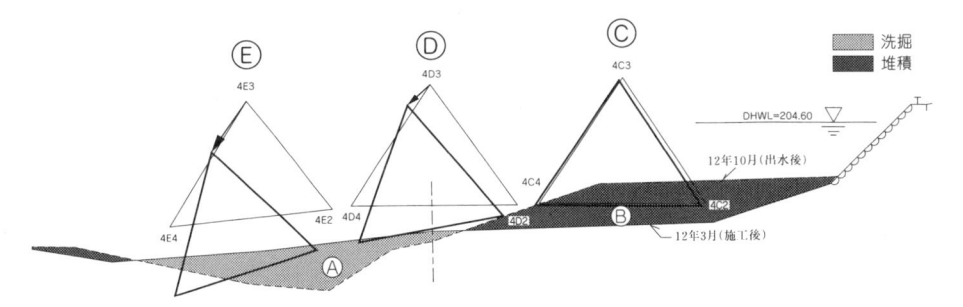

大聖牛設置の追跡調査-Ⅲ　229

図-15　第4群聖牛前列（最上流部）(No.20)

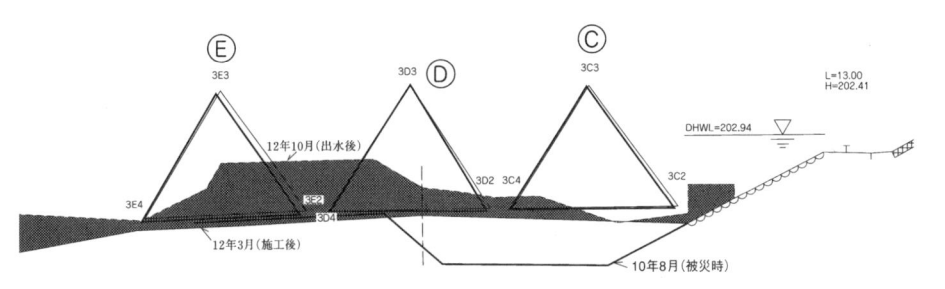

図-16　第3群聖牛前列（中間部）(No.15)

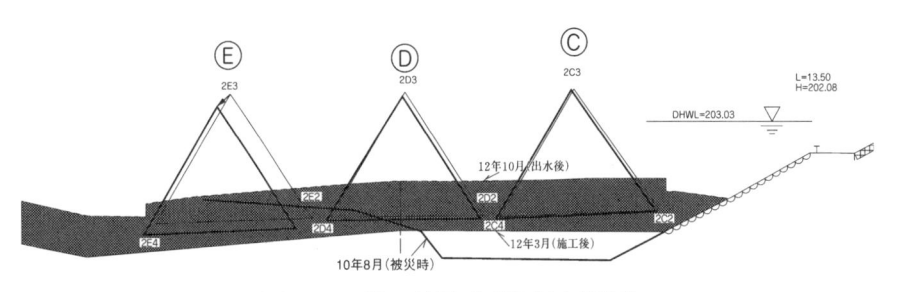

図-17　第2群聖牛前列（中間部）

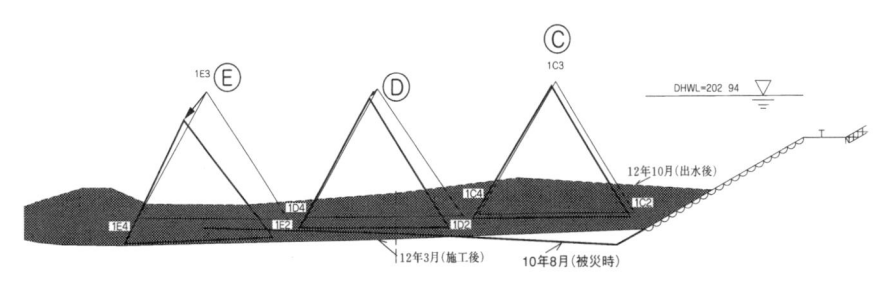

図-18　第1群聖牛前列（最下流部）

③ 第2群聖牛前列（中間部）（図－17）
　　状況：・聖牛が30cm程度沈下して、その上にさらに1m以上の堆積が見受けられる。
　　　　　・第3群と同様に、聖牛および護岸周辺は施工後と比較して堆砂の状況がある。
　　　　　・聖牛は河川の中心部に近いEの聖牛において、観測点2E4が30cm沈下して50cm河川側へ傾倒した。
　　考察：・護岸側Cの聖牛、中央Dの聖牛の躯体の動きが少ない点から、河床変動も少なく洗掘がほとんどなく堆積したものと推察できる。そのため、効果として護岸の洗掘防止、河床の安定につながっている。
　　　　　・第3群と比較して最も河川中心寄りの聖牛Eが河川中心側へ移動しているが、(3)縦断面図の比較の考察より、他の洪水流の影響を受けていることも想定できる。
　　　　　・出水により30cm程度の河床変動があったことが聖牛Eの挙動から推測できる。
　　　　　・被災時には護岸前面はおよそ1.0mの洗掘があったが、聖牛設置後は施工後と比較しても堆積の傾向にあり、護岸前面の河床の安定という目的は達成されている。

④ 第1群聖牛前列（最下流部）（図－18）
　　状況：・聖牛が80cm程度沈下して、その上にさらに1.2m以上の堆積が見受けられる。
　　　　　・河川の中心部に近いE, Dの聖牛において、観測点1E4が70cm、1D4が30cm沈下した。さらに1E4が50cm、1D4が25cm河川側へ傾倒した。
　　考察：・護岸側Cの聖牛の躯体の動きが少ない状況から、洗掘も少なく堆積したものと推察される。結果として護岸の洗掘防止、河床の安定につながっている。
　　　　　・第2群と比較して、河川中心寄りのE, Dの聖牛の動きが大きく河川中心寄りに移動しているが、前述のように他の洪水流の影響を受けていることが想定できる。
　　　　　・聖牛Eの沈下の挙動から、出水により80cm程度の河床変動が推測される。

(5) 設置前後の河床材について
　① 現地調査比較表のように、玉石、砂利の出水前の状況より出水後聖牛による流速の低下に伴い、他の水筋と比較して粒度の細かい土砂が聖牛本体、下流に見られる状態になった。
　② これは洪水が引く時に、聖牛周辺では河道内の他の箇所と比較し、比較的流速が遅くなっていることが予想される。
　③ 副次的な効果として、聖牛群内や周辺部には洪水後に植生が復元しやすい状況となっている。

【調査結果】
(1) 水制としての聖牛の効果について
　① 平面測量、堆積、洗掘の分布図の比較から、第3群、第2群河川側、中央部が洗掘され河岸側に堆積の傾向があること、第1群河川側が洗掘され、河岸側に堆積の傾向があることから、河川中心寄りの聖牛において「水はね効果」があったことが推測される。
　② 縦断測量および横断測量の結果から、当初の聖牛の設置目的とした護岸前面の河床の安定、洪水流速の減少および過剰な洗掘防止が第2群から第1群、第1群より下流護岸までの間で効力を発揮していると推測される。
　③ 本工区は水衝部にあたり、河床変動の影響を受けやすい箇所であったが、第2群から第1群の下流にかけて、被災時（平成10年8月）と今回出水後（平成12年12月）の河床状況を比較すると、被災時の河床から2mの堆積が観測でき、河岸侵食防止のための効果を果していると推測できる。
(2) 木材を用いた聖牛の効果について
　　木材と石材を組み合わせた構造であるので、河床の変動に柔軟に応じた挙動をしていることがわかる。コンクリート製の不透過性水制を用いた場合、水制まわりの洗掘により設置した施設が破壊されるなどの懸念が生じるが、聖牛については重大な破壊には至らないことが見受けられる。
(3) 今後の検討事項
　　聖牛については「水はね効果」が推測されているが、特にこの田野口工区は水衝部に位置しており、流木等による影響の大きい箇所でもあり、それらによる損傷、「耐久性」についての継続的な観測が必要と考えられる。

■検証のとりまとめ■

　これまでの治水事業は、自然を改変して人工構造物をつくり、知恵と技術により、ある意味で自然を押さえつける事業でもあった。また私たちは、今まで人間がつくったこれら構造物は半永久的にその姿が変らないことが正しいことであり、そのために様々な土木工学的技術を研鑽してきた。特に、工事中に変位を起こすような構造物は失敗であり、完成後日ならずして流亡・破壊すれば、その責任問題さえ追究されかねない。

　ところが、伝統的河川工法は柔構造のため、出水などの自然の条件により、むしろ一時として同じ姿をとどめないのが特徴である。特に、大聖牛等の牛類の変位は予め十分に予測されていることであり、大聖牛自体が生き残るのが目的ではなく、洪水の都度その流勢を利して足元を固め、自ら沈下していくことの代償として土砂を堆積させ、背後の生命・財産を守ることが最大の目的である。

　従って、目的を達して朽ちることは人間同様、自然の摂理であり、私などは崇高な仏の姿、つまり「聖」となった牛の姿と重ね合わせてしまうのである。また、たとえ洪水時の流亡とはいえども、私たちの生命・財産を守るための身代わりと考えれば、一概に失敗だとは言えないだろう。

　さらに、現在牛類の施工に関しては、まず床均し等によって人工的な地盤をつくり、その上に定型化した構造物を設置する施工がなされている。しかし、大河川の河床変動は時には数メートルにも達することがある。長年の出水の洗礼を受けていないこうした人工地盤は容易に流されてしまうこともしばしばあり、構造物は直ちにその足場を失うことになる。また、水制工に不慣れな一般的な技術者の意識として、護岸の過洗掘を恐れるあまりに、根固工として護岸に近接してしまう例も多い。この場合には、護岸の法先に引っかかり、大聖牛の脚はこの部分のみ沈下できなくなってしまう。このいずれの場合も、大聖牛は不等沈下を起こし大きく川側に傾いて、やがては転倒することになる。

　従って、施工場所によっては安定的な均一な河床を標準とし、モノを川にあてがうのではなく、固有の川に合うものをつくる見地から、その河状に応じて前合掌などの左右の長さを変えるなどの必要が生じる場合も想定される。

　つまり、どう動かないようにつくるかではなく、目的を達するためには、いかに動きやすいかの視点で極端な不等沈下を防止する工夫は、当然のこととして考えるべきではないかと思う。

　いずれにしても、その挙動を検証により工学的見地から定量的に把握することが重要

である。容易な施工位置の決定や工法の選択が禁物なことは言うまでもないが、同時に施工管理や工事検査にはコンクリート構造物と異なった視点も必要であり、何よりも自然や河に教わり、河と相談しながら見直していく勇気が大切であると考える。

大聖牛による水制工

　川舟で施工し、材料は上流より筏を組んで流して組み立た。この箇所は度々災害が起こる場所で、完成して現場監督に見てもらい、写真屋を引っ張ってきて写真を撮ってもらったのだが、その晩に流出して、朝になってみると跡形もなかったことがあった。(原廣太郎・原小組社長)

大井川堤防災害復旧工事〔出典〕㈱原小組（1953）

　このように、大聖牛などの水制は、工事中でも出水の都度、形を変えてしまうので、工事の検査、完成品の受け取りといった事務手続きの時期等については、コンクリート構造物とは異なる気配りが必要と考える。

伝統的河川工法の課題

　日本の伝統的河川工法は土木工学的な治水手法として、また生物学的には生きものにやさしい工法として極めて有効であり、使用する工法、材料、設置場所、施工方法などを適切に判断し、あるいは改良、工夫することによってさらに発展することが期待される。そこで、本書の取りまとめにあたりそれらの課題を整理し、明確にしておくことにする。

■構造および施工方法■

　伝統的河川工法は一時期、全く顧みられることがなかったため、構造や施工方法が不確かであった。しかも、時代と共に単純な構造から複雑な構造に、あるいは小規模なものから大規模なものに、また設置するそれぞれの河川特性に適応するように改良、進化、発展してきたため、地域ごとに独特な名称を持ち、それぞれ材料や構造も微妙に異なっている。

　従って、本書Ⅰの4章「工法の解説」で紹介したものは、あまたある伝統的河川工法の一部でしかない。それぞれの工法が、その地域での洪水の洗礼と歴史的評価を受けたものであり、今一度それぞれの風土、河川において、それら資料の発掘を試みられたい。

　また、構造的には理解できたとしても、実際の施工にあたっては、何ひとつ分からないのが伝統的河川工法の難しさであり、本書Ⅱの1章で施工例を紹介できたのは、新しい仕事にもかかわらず関係者の意識の共有が早期にできたことと、施工に精通した熟練技術者が存命していたという全くの幸運であった。

　今後は、重機械を使用するなどの新しい現場技術も進展していくことにより、大工職、石工などの視点の似通った人々の知恵を受けて、改めて川の職人など熟練技術者の養成を計っていく必要がある。また、こうした手作りの職人的技術を再び途絶えさせないためには、継続的な発注、施工が必要不可欠である。

■材料・材質■

　伝統的河川工法の材料は、かつては身近で容易に手に入る自然素材を用いていた。しかし、現在では玉石、粗朶をはじめ、木材や柳なども工事期間に間に合わせて大量に調達することは困難になっている。また、入手先の環境破壊を戒めるためには、間伐材な

どの活用促進が強く望まれるほかに、品質・管理基準の改訂を含めたリサイクル品の利用も視野に入れたい。

ただ、実際に施工してみると、間伐材といえども入手することは容易ではない。それでも、信濃川ではかなり以前から粗朶沈床の施工が行われている。それは、長年にわたりしっかり組織された組合が粗朶山を管理し、安定した粗朶の供給が可能になったことで、継続的に沈床工事が発注されるという、需要と供給のバランスがとれたシステムが確立されているからである。従って、自然素材はコンクリート二次製品と異なり、予め調達先の十分な調査が必要であり、ゆとりある工期設定と、時には本体発注に先駆けての準備システムも考慮したい。

なお、材質の改良に新しい技術の導入は当然であるが、耐久性、強度などの視点から、短絡的に鉄やコンクリートに変更することは自然素材としてのよさを捨て去る危険があり、各部材の構造上の役割を理解した上で検討されたい。

■構造的な特性■

ごく一般的に、伝統的河川工法の自然素材は腐食や破壊には弱く、耐久性に劣ると決めつけられてきた。しかし木材の場合、材質や水との接触頻度によって耐久性が異なり、水中下にある木工沈床などはほとんど腐ることがなく、覆土された蛇籠なども同様の状況に存置することが知られている。

一方、コンクリートによる護岸の場合は、その欠点の一つは、河岸が極めて硬質化・単一化してしまうことにあるので、場所によっては伝統的河川工法の特徴である凸凹のある構造を活かすように、覆土・置き石などの自然素材でカバーする工夫も大切ではないだろうか。

いずれにしても、自然素材は弾力性や柔軟性に富み、鉄筋コンクリートにない特性を持っているが、設置にあたっては構造的特性についての十分な検証・評価を行った上で、それぞれの工法の良さを活かし、欠点を改良しながらより効果的な工法として発展させることが望まれる。

■河川工学的な検討■

伝統的河川工法は極めて多様な工法であり、それぞれの河川特性に応じた工法の選定・配置には、河川護岸の施工といった視点だけではとても対応できない。対岸はもとより、少なくとも上下流数キロメートルといった単位で平常時と洪水時の水の動きを読

み取る必要がある。とはいえ、洪水時の予測は容易ではない。そこで、破壊や流亡を失敗ではなく、川に教えられた貴重な体験として次の施工に活かすための試行錯誤を容認する体制づくりが、この伝統的河川工法発展の大きな要素といえよう。

　また、伝統的河川工法による護岸もしくは護岸水制の場合、河床、河岸への屈撓性という直接的効果と共に、一部の破壊が他の施設へ及ぼす影響が少ないという分離性、水を柔らかく受けとめることによる土砂堆積による河岸安定性の確保や土砂の吸出しの抵抗性など、遅効的効果も考えられる。しかし、河川工学的にこれら工法の特質を適確に把握した例は少なく、水理実験などなお検証を要する。

■施工管理■

　「多自然型川づくり」をはじめ、こうした新しい考え方の水辺整備の施工管理は、設計図書を基本としながらも現場状況に合わせ、時には模型をつくったり、試行的に部分施工したり、手探りのなか試行錯誤で施工する場合が多い。また、汎用材への切り替え等による突発的な材料、数量等の変更も少なくない。従って、出来高・出来型管理も数字的に満足させる物だけでなく、設計の趣旨と求められる機能を満たしているかが判断規準となり、これらすべてに対して発注者側の柔軟な対応が望まれる。

■自然再生手法としての検討■

　土木施設というのは、本来国や県を含めた地域の環境をよくするためのものであり、伝統的河川工法の護岸・水制が川の自然環境を復元・創出する極めて有効な手法であることは、既に繰り返し述べてきた。

　しかし、生態学的に見れば必ずしも最善の方法とは限らない。瀬や淵を無視したり、流水のダイナミックな動きを封じるような空間の広がりを持たない河道整備など、その用いる方法によっては生物の生息環境の多様性を失わせてしまうこともある。

　心ならずとも、本書の検証においてはページを割くことができなかったが、伝統的河川工法の生きものの生息環境としての効果には、評価方法と指標を定め、どの工法がどの生物の種に対し効果的であるのか、事前調査と維持管理を含めたモニタリングにより検証を深めることが大切である。また、その対象は流速、水深、水流筋、縦横断など物理的なものと生態系や植生をはじめ、河川の自浄作用、自然景観の評価と手法、あるいは環境負荷の少ない材料、工法、施工法などを含むべきと考える。

　自然環境保全の原点は土と植生であり、河川堤防もまた土堤を原則とすると考えるが、

河川改修で切り捨てられてきた霞堤や水害防備林については、その位置づけと積極的な再評価の議論が緒についたばかりである。水辺に樹木が寄り添う姿ほど心安らぐ風景はないのに、原則禁止とされてきた河川区域内の植樹についても、今後の河川改修および再改修の計画にあたって、予め樹木、植生や自然繁茂を考えて河川の器を決めるなど、生物学的モニタリングと同時に科学的知見に基づく水理工学的な検証を行う必要がある。「川のことは川に聞け」という。画一的、事務的判断ではなく、あくまで自然としての川を見つめ直すエコハイドロニクス(生態環境水理学)の視点が大事であろう。

なお、伝統的河川工法はその構造的、材質的特徴から流水の影響を受けやすいが、それだからこそ却って容易に多様な自然環境を生み出し、良質な生物の生息空間をつくり出すことにもなる。洪水渦流によって大きく過先掘された牛枠類や流草木などの塵芥の集まるところなど、土木技術者が好ましいと思わない場所にこそ生物相が濃い場合も多く、単に一面的な見方は禁物である。欠点とされる木材の腐食についても、共生・循環システムの自然環境を考慮すれば、この「土に還る」という素材こそが、今世代で研究・開発すべき自然にやさしい材質の要だと考える。

さらに、「表土の保全」や「郷土種の採用」など、その地域の生態系を考慮に入れておくという最も基本的な環境保全対策は、全ての水辺整備における土木技術者の共通認識として理解されたい。

■住民参加■
洪水などの水害に対する施策は様々な試行錯誤の連続の中、これまでも実施については行政だけでは対処できず、その計画段階より多くの人々の参画と知恵を得て形づくられてきた。また、開放生態系を構成する河川環境の大枠は、河川区域内よりむしろその背後の環境や人の生活に左右される場合が多く、土地利用と共に人の活動に与える影響も多い。しかも、水と緑のネットワーク、流域環境計画など、周辺と一体化して住民と共に築いていく各種計画や、生物学的モニタリングなど長期にわたる繁雑な検証を続けいかねばならないなど、河川管理者だけでは対処できない問題もある。

本来、川は国民全てのもので、行政は一時的に預かっているに過ぎない。今や、河川管理者に治水、利水、管理の全ての責を任せるのではなく、住民、企業、NPO団体などがそれぞれの得意な分野で仕事を分担し「協働(パートナーシップ)」して川づくりを行っていく時代と考える。実際、いくつかの流域でこのパートナーシップによる取り組みが始まってもいる。今世紀の川づくりのキーワードは「共生」と「協働」である。

そもそもわが国は、年平均1,800mmにも及ぶ雨が降る世界でも有数の多雨地帯に属し、かつ河川勾配は急な上に流路も短く、いったん大雨が降れば川は一気に増水し、常に洪水に直面するような過酷な自然条件におかれている。従って、洪水を完全に押え込むことは不可能なのである。しかしその反面、緑豊かな多様な自然をつくり、生物を育み、豊かな恵みをもたらしてもきた。ならば、ある程度の氾濫を許容するという覚悟が必要であろう。水害は完璧に防ぎ、かつ自然は十分に残して欲しいということは許されない。生命と財産の安全は好むと好まざるにかかわらず、個人の危機管理に帰すべきと考える。ただし、そのためには土地利用のあり方を含め、川との付き合い方やこれまでの治水施策を見直すことが前提となる。

川は住民にとって過去からの贈り物ではなく、未来の子孫からの大切な預かりものである。それは、日本の近代河川技術の礎え築いたといわれている青山士（あきら）の次の言葉にこそ集約されているのではないだろうか。

「私はこの世を私の生まれた時より良くして残したい。治水のほか、われわれを生かす道なし、……われ川と共に生き、川と共に死す。」

結 び に

　河川法が改正され、水辺環境の改善が河川整備の主要な目的の一つとなるに伴い、日本の伝統的河川工法が景観や生態系保全の視点から注目され、河岸整備手法の一つとして採用される例も多くなった。しかし、その施工にあたっては、聖牛など見映えのよい構造物をシンボリックの設置する例や形だけを真似たもの、さらには「河相」を無視した画一的なものも少なくない。

　人間でも人それぞれ性格や顔が違うように、川もまた河川ごと異なった性質、形状があり、たとえ同じ川であっても上流と下流ではまったく異なった表情を見せる。人に人相があるごとく、川にも「河相」ありといわれる由縁である。

　伝統的河川工法は、自然条件や社会条件を礎に、それぞれの河川のもつ流域面積、洪水流量、河床勾配、洪水時の流速、河幅、河床構成材料などの河川特性、つまり「河相」に応じて発展した各河川固有の工法である。従って、工法の採用にあたってはまず「顔相」を知悉し、歴史的経緯を考察して、あくまでその河川、その場所に合った工法、構造およびその組み合わせと配置手法を検討する必要がある。

　また、この伝統的河川工法で大切なものは、石や木といった自然素材を使用していることによって多孔質で柔軟な構造を有していることにある。それゆえ、設置にあたっては河床、河岸などの水際線の多様性を発展させる工夫とともに、河道内貯留や遊水地、水害防備林などのしなやかな治水戦略はもとより、必要以上に川をいじくりすぎず「川のことは川に任せろ」の視点から、時には「手をつけない」決断も重要であると考える。

　日本は明治以降、欧米の文明・技術を受け容れるに際し、おいしい光の部分だけを巧みに利用してきたが、その影の部分には長く目をつぶってきた。文科系の大学ですら植生や生態学が必須科目となり、市民一人一人が強い意志で環境保全に取り組んでいるドイツ。そのドイツも自然との長い付き合いでは失敗し、その苦渋の歴史と経験が逆に自然再生についての希求を高め、「近自然河川工法(多自然型川づくり)」によるエコロジカルな水辺再生に懸命に取り組んでいる。その整備手法の根幹が、わが国の伝統的治水戦略と酷似していることを再確認したい。

　公共事業の目的は、すべからく人々の生活を豊かに、人それぞれの幸福な環境をつく

り出すことにある。人が大事か、自然が大事かという二者択一ほど不幸な選択はない。もともと人間は自然の中の一員であり、自然によって生かされ、自然あっての人間なのだ。

　川づくりが、道路や公園等の人が利便性をつくり出す他の公共事業と異なるのは、川は人がつくり出すのではなく、太古から既にそこの存在していた自然そのものであったからである。その自然を押さえ込み、人間の都合、利便により矮小化して標準断面という枠の中に閉じ込めるのがかつての河川工学であった。巨大化、近代化した技術は、自然の循環システムを破壊する一方、今なお奔放で圧倒的な自然を御しきれず翻弄され続けている。

　今こそ、自然の営みや生物の生態システムを再生するとともに、時には洪水による撹乱をも受忍する川づくりが求められているのではないだろうか。

　自然へのさらなる譲歩——。これこそが、新しい川づくりのキーワードである。

　本書では、先人たちの治水戦略の思想に学び、日本の伝統的河川工法の土木的特徴、生態系保全の視点からの検討、「川の匠」による途切れた技の伝承と実施例および大聖牛設置後の検証を述べてきた。これら工法を今日的視野で見れば、その目的の過半は、より豊かな自然環境の復元であり、ビオトープなどの新たな水辺空間の創出にある。そのために、河川管理者・技術者が土木的発想のみならず、生物学的視野からの検討を含め、より一層自然豊かな「川らしい川」の再生に果敢に挑戦されることを期待したい。

　最後に、平成6年度以来、伝統的河川工法の復活を現在までその志を引き継ぎ、施工だけでなくその後の検証をしてきた原隆一、沢野和隆両氏をはじめ図表、資料の引用を承諾いただいた川の仲間、静岡県および島田土木事務所、同川根支所、国土交通省静岡河川工事事務所、静岡市水防団等の多くの方々の心強い支援・協力に御礼申し上げたい。そして何よりも「川の匠」、故小野磯平氏、鈴木一郎氏、曽根友治氏、曽根一氏、小野勝弘氏の方々に心から敬意と感謝の意を述べさせていただきたい。

2002年1月

編著者　富野　章

索 引

【あ行】

亜鉛引10番線	18
秋雨前線	129
悪太郎	94
異型コンクリートブロック	4
石張水制工	181
移動実態	134
ウィンケルの実験式	148
牛押木	3, 35
後合掌木	1, 31
裏込材	81
影響評価	166
越中三叉	4
縁切り	86
横断測点	134
横断測量	166
横断的移動量	134
横断方向	134
応答特性	185
大井川距離標	166
大井川災害査定	81
大井川法線方向	192
大川倉	2
重寵	1, 43

【か行】

階段ブロック	81
回廊	106
欠込み	108
かごマット工	
（スロープ式）	179
河岸侵食防止	190, 231
河岸の侵食防止	193
河床構造	106
河床材	231
河床上昇	154
河床洗掘	179
河床低下	155
河床の安定効果	192
河床変動	81, 147, 230
河床変動量	131
仮設道路	166
河川沿川	127
過洗掘	232
河相	7, 185
河道中心方向	212
河道法線方向	226
河道流過能力	186
河畔林	106
川狩り	5
川倉	1
河相応答特性	185
河積	166
河積狭少断面	186
川の再生	186
川の匠	105
かんざし	24
かんざし木（込み栓）	14
間伐材	62, 111, 107
逆出し	4
強度耐久性	181
局所洗掘	181, 196, 216
巨大流木	145, 160
挙動	185
空隙	81
屈撓性	81, 104, 181, 228
警戒水位	131
計画河床	81
経年変化	196
化粧木	97
桁木	1
ケレップ水制	148
結束鉄線	4
原形復旧	129
県単費	81
工業用水	178
高水敷	145
洪水の流心変化	147
洪水ピーク時	228
洪水流速	186
洪水流の挙動	196
購入寸法	104
勾配	5
抗力	166
護岸決壊	179
護岸水制	160
コストの問題	107
5寸釘	86
ころ上	91
ころおさえ	94
ころ下	89
ころ脇	90
コンクリート構造物	5, 159
コンクリート谷止工	113
こんにゃく	63

【さ行】

災害応急協定	62
災害査定	81
災害復旧工事の設計要領	5
災害復旧工法	81
最大放流量	131
最低河床	212
最低河床高	186
材料強度	196
さかばら	84
挿木	159
座標化	166
砂防ダム	107
三角錘の水制	127
敷き均し	101
敷成木	28
棚敷木	33
自然の摂理	232
シフトバック	134
支保工	14
蛇籠	159
蛇籠積み	62
砂利	196
砂利運搬	166
砂利河川	81
砂利採取	186
縦横断測量	131
縦横断的移動量	134
重心位置	166
重心移動図	166
縦断的な河床変動	148
柔軟性	4
受動的対策	180
樹木の繁茂	186
植生護岸	160
尻籠（トンボ籠）	2
親水性	181
人工構造物	232
人工的な地盤	232
侵食	185
水位観測	131
水害防備林	106
水衝部	190
水制間隔	181
水制工の配置間隔	181
水制長	148
水制伝統工法	7
水制頭部	148
水防演習	62
水防訓練時	8
水防工法	62
水裏部	179
水流筋	185
スカート	63
図形の図心	155
ステップル	18
砂払籠	4
瀬	106
生活用水	178
聖牛	1, 127
静穏域	128
生物的視点	186
生物の生息空間	62
瀬替時	160
施工目地間隔	86
設計要領	43
洗掘厚	215
洗掘幅	186
洗掘防止	230
選択配置	7
剪断	5
全幅横断	186
粗朶	38
袖部	113

【た行】

耐久性	166, 231
堆砂	131, 148
堆砂効果	228
堆砂の特殊性	154
大聖牛	1, 127, 165, 185
堆積効果	192
堆積状況	166, 185
堆積土	9
堆積幅	212
滝壺	147
竹籠	4
多自然型護岸工法	160
多段式のかごマット護岸	81
立木柵	62
脱落防止	24
建て方衆	7
田野口工区	185
玉石	196
玉切り	114
たまご	14
力木	35
力棒	14
築籠	4
治山ダム工事	107
治水上のプライオリティ	127
治水ダム	107
直接工事費	113
直接洪水流	193
追跡調査	160, 185
詰石	179
つぼよき	14
定期横断測量	131
低水護岸	147
定性的判断	158
堤防の崩落部	3
定量的な把握	148
鉄筋コンクリート柱	4
鉄聖牛	4

鉄線蛇籠	4, 179
鉄砲流し	5
天端張石	102
伝統的水防工法	62
天然河岸	190
透過性水制	5
胴木	33
等高線	148
土砂運搬	154
土砂詰め	108
留め木	86
止め鋲（りん錘）	14
トラッククレーン	108

【な行】

中合掌木	1, 31
中聖牛	1
中立木	1
中詰材	113
根固工	81, 147
根固ブロック	159
農業用水	178
能動的対策	180
野面石	102
野面石積	190
法先	232

【は行】

梅雨前線	131
8番鉄線	18
張石工	86
梁木	28
反時計回り	166
汎用代表工法	185

ビオトープネットワーク	106
被災水位	179
標準寸法	104
標準歩掛り	38
平谷工区	185
ファン・ドールンの説	148
淵	106
復旧工法	179
復旧延長	181
不透過性水制	196, 231
不等沈下	232
フレングスの説	148
ブロック水制工	181
平面的河床変動	148
変位	185
方格材	84
方格枠	85
歩掛り	114
ほぞ穴	2
細帯状の堆積	190
本出し	4
ほんばら	84

【ま行】

前固め籠	43
前合掌木	1
前立木	1
巻き込み部	190
丸太積谷止工	107, 111
丸棒加工	111, 108
みお筋	147, 158
水際	127

水際部	167
水筋	166
水はね効果	190, 216, 228
棟木	1
木製治山ダム	111
もっこ	14
木工沈床	81
木工沈床建て方衆	84
元口	86

【や行】

床均し	232
床堀	108
床堀土砂	108
擁壁基礎	193
よつや	84

【ら行】

柳枝	43
柳技工	129, 159
流失防止	86
流心変化	147
流勢緩和装置	63
流速低減	192
流木避け	192
六脚ブロック	190

【わ行】

枠入れ工	62
枠組工	62
わらい	104
割詰石	113
ワンド	128, 159

人名・地名・生物名索引

青森ヒバ	107	川根大橋	147	台風18号	129
安倍川	4, 62	紀伊国屋文左衛門	5	台風26号	131
江戸城	5	国土交通省		利根川	4
大井川	2, 127, 178	静岡河川工事事務所	62	ビオトープ大井川	128
大井川ダム	131	静岡県三島公営所	5	ヒノキ	107
大井川鉄道	129	静岡市水防団	62	富士川	4
大井神社	11	寸又川ダム	131	南アルプス	178
釜無川	3	駿府城	5	柳	159
川根茶	178	浅草寺	5		

引用・参考図書

静岡県島田工事事務所 (1994)：続「多自然型川づくり」への取り組み
静岡県島田土木事務所川根支所 (2000)：大井川における伝統的河川工法の追跡調査
静岡県島田土木事務所 (2001)：平成12年度大井川災害復旧測量委託
建通新聞静岡版・平成6年1月5日号、今、よみがえる伝統的河川工法、(株)建通新聞社
月刊建設DATA、No.179、(株)建通新聞
興田好一 (1995)：河川伝統工法の現代的意義と課題、河川伝統工法、河川伝統工法研究会編、(株)地域開発研究所
島崎武雄 (1995)：信濃川粗朶沈床工事、河川伝統工法、河川伝統工法研究会編、(株)地域開発研究所
(社)土木学会編 (1936)：明治以前・日本土木史、(社)土木学会
FRONT-No.58, 83, 116 (1993, 95, 98)：(財)リバーフロント整備センター
建設省甲府工事事務所 (1999)：富士川の治水を見る(信玄堤・万力林・雁堤・川中島水制)
建設省熊本工事事務所 (1995)：加藤清正の川づくり・まちづくり
矢野四年生 (1991)：加藤清正(治水編)、清水弘文堂
金子一郎・藤田 力 (1972)：粗朶沈床、日本河川協会
日本じゃかご協会編 (2001)：伝統的工法―じゃかご工法の事例と解説、日本じゃかご協会
宮本武之輔 (1936)：河川工学、アルス
宮本武之輔 (1954)：治水工学、興学館
石崎正和・杉山恵一 監修 (1995)：伝統的河川工法、ビオトープ考―つくる自然・ふやす生態、(株)INAX
原 隆一 他 (1994～)：伝統的河川工法の研究、ビオトープ大井川、伝統的河川工法研究会
木下忠洋 編著 (1998)：自然の復元、山海堂
砂防学会編 (1999)：水辺域ポイントブック、古今書院
富野 章 (2001)：多自然型水辺空間の創造、信山社サイテック
上田弘一郎 (1955)：水害防備林、産業図書

資料提供・協力

◇行政機関	◇企業・研究グループ
静岡県	(株)建通新聞社
静岡県島田土木事務所	ビオトープ－大井川
同島田土木事務所川根支所	新潟県粗朶業協同組合
国土交通省静岡河川工事事務所	大栄建設(株)
同信濃川下流工事事務所	(株)原小組
静岡市水防団	

······················〈著者プロフィール〉······················

富野　　章（とみの　あきら）静岡市生まれ

1940年　静岡市生まれ
1964年　鹿児島大学農学部（農業土木専攻）卒業

1964年　静岡県入庁（土木部河川課）
1991年　　同　静岡土木事務所技監（河川担当）
1992年　　同　島田土木事務所技監兼企画検査課長
1993年　　同　田子の浦港管理事務所所長
1994年　　同　林業水産部・漁港課長
1996年　　同　沼津土木事務所所長
1999年　昭和設計㈱取締役技師長

技術士（建設環境）
常葉短期大学環境システム研究所客員講師
「日本ビオトープ協会静岡県支部」アドバイザー
「しずおかミティゲーション研究会」アドバイザー
一級土木施工管理技士

主な著書
『多自然型川づくりの取り組み』『続・多自然型川づくりの取り組み―日本の伝統的河川工法』『ビオトープの計画と設計』『生きとして生きるものにやさしい道づくり』『終着駅』『多自然型水辺空間の創造－生きとし生けるものにやさしい川づくり』『日本の伝統的河川工法［I］』　他著書、論文多数

日本の伝統的河川工法 ［II］

2002年(平成14年) 2月28日　　　　　初版発行

編　著　者　　富野　章
発　行　者　　四戸孝治／今井　貴
発　行　所　　㈱信山社サイテック
　　　　　　　〒113-0033　東京都文京区本郷6－2－10
　　　　　　　TEL 03(3818)1084　FAX 03(3818)8530
　　　　　　　http://www.sci-tech.co.jp
発　　　売　　㈱大学図書／東京神田・駿河台
印刷・製本／㈱エーヴィスシステムズ

Ⓒ2002 富野　章　　Printed in Japan　　ISBN4-7972-2560-2 C3051